Michael Vogler · Wieso arbeiten wir eigentlich hier?

Michael Vogler

Wieso arbeiten wir eigentlich hier?

Unternehmenskultur erkennen
und bewusst gestalten

Edition Konturen

Wien · Hamburg

Bibliografische Information der Deutschen Bibliothek
Die Deutsche Bibliothek verzeichnet diese Publikation in der Deutschen Nationalbibliografie, detaillierte bibliografische Daten sind im Internet über http://dnb.ddb.de abrufbar

Umschlaggestaltung: Georg Hauptfeld, dressed by Gerlinde Gruber.
Umschlagbild: El sueño de la razón produce monstruos (Der Schlaf der Vernunft gebiert Ungeheuer), aus „Capricho" Nr. 43, ca. 1797–98, Radierung von Francisco de Goya, Madrid © TopicMedia/Silvestris/DTCL
Layout: Georg Hauptfeld, dressed by Karin Kühtreiber
Lektorat: Christa Hanten

ISBN 978-3-902968-01-2

Druck: Druckerei Berger, 3580 Horn
Printed in Austria

Inhalt

Warum ich dieses Buch geschrieben habe

Vor vielen Jahren bat mich ein Klient aus der Pharmaindustrie, darüber nachzudenken, wie das Leben im Betrieb besser und freudvoller und gleichzeitig das Betriebsergebnis erhöht werden könne. Kann es einen Weg geben, dass sowohl die Mitarbeiter als auch das Unternehmen zufrieden sind und gemeinsam an einem Strang ziehen? Er zitierte Martin Luther (1483–1546), der bereits vor Jahrhunderten festgestellt hatte, dass aus einem verzagten Arsch niemals ein fröhlicher Furz komme, und forderte: „Ich will, dass wir lustig furzen lernen."

Der Weg zu seinem Ziel begann nicht mit Wirtschafts- oder Führungstheorien, sondern mit einer sehr allgemeinen Frage: Was benötigt der Mensch als Lebewesen, um gedeihen zu können? Am Ende des Projektes hatte das Unternehmen eine tragfähige Kultur der Gemeinsamkeit entwickelt, die in bemerkenswertem wirtschaftlichem Erfolg mündete.

Die Erklärung ist eigentlich ganz einfach: Alle Menschen haben dieselben Grundbedürfnisse. Sie wollen anerkannt und bestätigt werden, vor allem streben sie nach Anschluss. Anerkennung und Zugehörigkeit sind mentale Grundnahrungsmittel. Kraftvolle Unternehmenskulturen entstehen in Firmen, die diesen Bedürfnissen entsprechen. Sie sind innovativ und erfolgreich. Es wird gelacht und es ist eine Freude, dort zu arbeiten. Zweieinhalb Jahrzehnte Beratungstätigkeit haben mich durch solche Organisationen geführt.

Dass dies nicht der Normalfall ist, habe ich in anderen Betrieben erlebt. Zu oft werden Mitarbeiter nicht als Partner gesehen, denen der Erfolg ihres Unternehmens, die Zufriedenheit der Kunden oder auch die gute Laune ihrer Führungskräfte ein Anliegen sind. Vielerorts gelten sie als eine Art unwillige Untertanen oder Diener, die durch Zwang diszipliniert werden müssen. Auch wenn das niemand so ausspricht, ist es doch zu beobachten. Da Führungskräfte ebenfalls Mitarbeiter sind, werden sie genauso behandelt. Anstatt ihnen zu vertrauen, werden sie immer stärker kontrolliert, standardisiert und demotiviert. Es entsteht ein destruktiver Strudel, in dem jedes Engagement erstickt. Dabei sind alle Täter und Opfer zugleich. Das ist fatal.

Manchmal hat es den Anschein, als ob wirtschaftliches Handeln nichts mit dem Leben zu tun hätte und vor allem darin bestünde, den Menschen zu einem Maschinenteil zu pressen. Anstatt Fähigkeiten zu nutzen, wird kontrolliert und diszipliniert. Menschliche Energie konzentriert sich in der Folge auf die Abwehr von Unbill. Engagement, Loyalität, Freude und Stolz sind dagegen vom Artensterben bedroht. Negative Folgen sind unausweichlich. Sie produzieren hohe Folgekosten und halten wirtschaftlichen Überlegungen nicht stand. Warum wird es dann so gemacht? Vermutlich deshalb, weil es die meisten anderen so machen. Aus Angst, man könnte als Chef seine Autorität verlieren.

Diese Angst ist unbegründet. Nichts vermag Ansehen und Gewicht mehr zu stärken als ein Führungsverständnis, das Freiräume schafft, die Würde achtet sowie das Vertrauen und Miteinander fördert. Dann wird Führung einfach, freudvoll und geradezu mühelos. Ängstliches Beharren auf formaler Autorität hingegen zerstört sie.

Veränderungen sind nur möglich, wenn eine andere Art des Denkens einkehrt. Wer Ausweglosigkeit denkt, wird keinen Ausgang finden. Großes geschieht immer nur aus der Bereitschaft, Grenzen zu sprengen und es anders zu versuchen. Der Philosoph in mir weiß, dass es immer möglich ist, Dinge anders zu denken, oft mit überraschenden Lösungen. Der Historiker in mir weiß, dass andere, respektvollere Umgangsformen nicht nur möglich sind, sondern auch historisch erprobt und sehr erfolgreich. Der Biologe in mir weiß, dass jedes Lebewesen krank wird und dahinwelkt, wenn es gezwungen ist, sich dauerhaft wider seine Natur zu verhalten.

Die eingangs erwähnte Aufgabe schickte mich auf einen Weg, den ich seither konsequent verfolge. Ziel meiner Arbeit ist es, Organisationen und Führungskräfte bei der Entwicklung einer Kultur zu unterstützen, in der sich ihre Mitarbeiter bereits am Sonntag auf den Montag freuen. Jede Woche wieder. Ich weiß, dass es möglich ist und wie es geht. Die Erfahrung dieser Arbeit ist in diesem Buch zusammengefasst.

Hinter dem Namen jedes Autors verbergen sich viele andere, die mitgedacht, kritisiert und korrigiert haben. So ist es auch hier. Ohne Ogle Burian, der mir als damals jungem Berater vertraute und mich mit der ersten Kulturentwicklung beauftragte, hätte ich diesen Zugang nicht entwickeln können. Selbiges gilt für Anton Kellner, dem die Vereinigung mehrerer Unternehmen und die Integration in eine gemeinsame Kultur gelang. Seither haben meine Klienten mein Wissen vertieft und meine Beobachtungen reifen lassen. Insbesondere jene, denen es in wunderbarer Weise gelungen ist, innerhalb ihres jeweiligen Einflussbereiches verkrustete Strukturen aufzubrechen, ihnen Leben einzuhauchen und sie nachhaltig erfolgreich zu machen.

Meinem alten Freund und Lehrmeister Junichi Yoshida von der Research Organization for the 21st Century der Osaka Prefecture University verdanke ich sowohl die Fähigkeit, auf den Fluss der vorhandenen Kräfte zu achten, als auch die starke Ausrichtung auf die Notwendigkeit des Designs von energetisierenden Werten und Haltungen. Rudolf Krska vom Interuniversitären Department für Agrarbiotechnologie (IFA-Tulln) bereicherte mich mit seinem Wissen über alternative Stoffwechsel bei Lebewesen. Ebenso wie Monika Franta mit ihren Kenntnissen über Pädagogik.

Heinz Modlik und Alex Teufer stürzten sich auf die Erstfassung des Manuskriptes und halfen mir mit präzisen Hinweisen weiter. Mit Janos Szurcsik von der Westungarischen Universität Sopron und seiner Frau Andrea habe ich manchen Tag und einige Nächte in Diskussionen verbracht, in denen die Bedeutung von Design für die planmäßige Entwicklung von Kulturen immer konkretere Formen annahm. Meine Frau und meine Kollegen Marina Hahn, Patricia Hajek und Harald Koisser unterstützten mich tatkräftig, ebenso wie die stets gut gelaunte und ideenreiche Ingrid Famula und Jeanne Mukaruhogo, deren interkulturelles Wissen mir unersetzlich wurde.

Ohne meinen Verleger und treuen Begleiter Georg Hauptfeld jedoch hätte ich die Arbeit an diesem Buch nicht begonnen. Seiner einfühlsamen Art, mit der er stets die Spannung aufrechterhielt, ohne jemals Druck zu erzeugen, den vielen Diskussionen mit ihm und auch seiner Konsequenz verdanke ich nicht nur inhaltliche Stringenz, sondern auch Mäßigung bei der Beschreibung einiger abschreckender Beispiele. Meiner Lektorin Christa Hanten gelang es mit ihren Korrekturen, meinen manchmal etwas abschwebenden Zwischengedanken eine klare Linie zu verleihen.

Michael Vogler, 2. Mai 2014

Teil 1:
Die Situation

I. Der ideale Mitarbeiter

„Ich gehe gern in die Arbeit und freue mich schon darauf, die Kollegen zu sehen."

Franz ist Elektrotechnik-Meister. Es ist Montagmorgen, 7:15 Uhr. Das Wochenende hat er mit Familie und Freunden verbracht und jetzt, auf dem Weg zur Arbeit, trifft er zufällig einen früheren Kollegen in der U-Bahn. Die Augen von Franz leuchten vor Begeisterung, als er von der innovativen Schalteinheit erzählt, die er und seine Kollegen gerade entwickeln.

Die Idee dazu hatten sie, als sie entspannt beieinander saßen und über Gott und die Welt redeten. „Wir können gar nicht mehr rekonstruieren, wie es entstanden ist. Aber plötzlich begannen wir uns über Verbesserungen von Schalteinheiten zu unterhalten. Eines ergab das andere und dann lag die Grundidee für ein neues Schaltkonzept vor uns." In seiner Stimme klingt der Stolz eines Menschen durch, der im Gefühl schwimmt, gebraucht zu werden und etwas Sinnvolles und Nützliches zu tun. Er ist einer, der weiß, dass er etwas zu einem gemeinsamen Ganzen beiträgt.

Von Franz geht eine Kraft aus, die seine gesamte Umgebung fesselt. Auch andere Fahrgäste werden langsam auf das Gespräch aufmerksam. Initiative, Kreativität, Engagement, Intelligenz und vor allem Begeisterung werden von allen wahrgenommen. Da spricht einer – das ist jedem Zuhörer deutlich –, der Zuversicht ausstrahlt und Dinge mit Freude anpackt, einer, der Kraft hat! Plötzlich geschieht etwas Seltsames: Die Kraft überträgt sich auf die Zuhörer.

Menschen wie Franz gibt es wirklich. Es ist leicht nachzuvollziehen, dass sie nicht nur gesuchte Mitfahrer sind, sondern auch die besten Botschafter ihres Unternehmens. Wer hätte nicht gerne solche Mitarbeiter und Mitarbeiterinnen? Und fast noch wichtiger: Wer würde nicht gerne selbst seine Arbeit aus einem solchen Gefühl heraus verrichten?

In mehreren Dutzend Veranstaltungen habe ich Führungskräfte gebeten, den *idealen Mitarbeiter* zu beschreiben. Als ich das zum ersten Mal tun wollte, „weissagte" mir ein Kollege, dass jedes Unternehmen anders sei und sich deshalb die Ergebnisse dieser Befragung stark unterscheiden würden. Doch das Gegenteil traf ein.

Tatsächlich ist es gleichgültig, ob es sich um Aktiengesellschaften handelt, um Betriebe der öffentlichen Hand, um Handwerk oder Handel oder um eine soziale Organisation. Es ist auch nicht von Belang, ob die Mitarbeiter und Mitarbeiterinnen eines Produktionsbetriebes oder einer Vertriebsorganisation gefragt wurden. Die Beschreibungen, die ich aus solchen Veranstaltungen erhielt, skizzierten immer wieder dieselbe ideale Persönlichkeit: Sie soll selbstständig Verantwortung übernehmen, begeistert sein und stets besser werden wollen. Sie soll etwas schaffen und weiterbringen, neugierig sein und Freude an Herausforderungen haben, dabei Mut und Zuversicht ausstrahlen. Schließlich soll sie teamfähig sein, die Kollegen begeistern und aktiv unterstützen.

Bei Durchsicht der Aufzeichnungen fiel nicht nur die Ähnlichkeit in den Aussagen auf – quer durch alle Bereiche der Wirtschaft –, sondern es wurden auch kaum Eigenschaften genannt, die etwas mit der beruflichen Qualifikation zu tun haben. Diese wird vorausgesetzt. Vielmehr handelt es sich durchgehend um Fragen der Haltung und der Lebenseinstellung. Der ideale Mitarbeiter ist ein Mensch, der mit sich und seiner Umwelt gut zurechtkommt.

In anderen Seminaren wiederum habe ich Angestellte und Arbeiter nach dem *idealen Kollegen* gefragt. Hier wird ein Mensch gewünscht, der den Kollegen vertraut, selbstständig denkt, freundlich, verständnisvoll und unterstützend ist, gut zuhören kann, aktiv zu einem guten Arbeitsklima beiträgt, motiviert ist und Sinn in seiner Arbeit sieht.

Schließlich habe ich auch nachgefragt, wie sich Mitarbeiter ihren *idealen Chef* vorstellen. Auch hier kommt eine lange Liste heraus. Als wichtigste Eigenschaft wird gewünscht, dass er – zusätzlich zu den bereits genannten allgemeinen Qualitäten – Anerkennung ausdrücken kann und seinen Mitarbeitern Spielraum und Rückhalt bietet. Er selbst soll innere Zufriedenheit ausstrahlen, klar sprechen und Orientierung geben. Es wird gewünscht, dass er sichtbar ist, sich seiner Führungswirkung bewusst ist und – nicht zuletzt – dass man ihn achten kann!

Als sich ein städtisches Versorgungsunternehmen das strategische Ziel setzte, der *attraktivste Arbeitgeber* der Stadt zu werden, stellte ich Mitarbeitern die Frage, was denn nötig wäre, um das zu erreichen. Die wichtigste Antwort war: Ein gutes Arbeitsklima, in dem Zufriedenheit und Vertrauen herrschen, wo man mit Freude zur Arbeit gehen und Sinn in der eigenen Tätigkeit sehen kann. Wichtig war den Mitarbeitern auch der gute Ruf des Unternehmens in der Öffentlichkeit. Was hier als Beschreibung eines Idealzustandes abgefragt wurde, ist gar nicht so schwer zu realisieren. Es hängt nicht vom Geld ab, sondern von der inneren Haltung der Beteiligten und von der Unternehmenskultur.

Der eingangs erwähnte Elektrotechniker Franz ist vielleicht ein positiver Mensch. Das reicht als Erklärung jedoch nicht aus. Mit allerhöchster Wahrscheinlichkeit arbeitet er in einem Unternehmen mit einer Unternehmenskultur, die den Mitarbeitern diese Begeisterung erst ermöglicht. Er erhält genügend Bestätigung und weiß genau, wofür er arbeitet. Er hat die Möglichkeit, stolz auf seine Arbeit zu sein, und kann daher jene Begeisterung entwickeln, die jede Begegnung mit ihm zu einem Erlebnis macht.

Es ist immer wieder verblüffend festzustellen, dass Menschen in ihrem Inneren und in ihren menschlichen Fähigkeiten den genannten Idealvorstellungen durchaus sehr nahekommen. Oft können sie es nur nicht ausleben. Doch innerhalb des geschützten Rahmens eines Seminars oder Coachings öffnen sie sich und erzählen frei, was ihnen wichtig ist, was sie sich wünschen und was sie gerne tun würden.

Sie entwickeln realistische Bilder und man hört heraus, dass sie Verantwortung übernehmen wollen. Häufig verlassen sie sogar die Ich-Ebene und versuchen sich vorzustellen, wie es ihrer eigenen Führungskraft geht, was diese von ihnen brauchen könnte. Sie überlegen, wie sie deren Arbeit zum Nutzen aller erleichtern könnten. Das sind keine romantischen Träume, sondern das entspricht der stammesgeschichtlichen und genetischen Grundausstattung der Menschen.

Kooperierende Rudeltiere

Unsere Vorfahren haben sich von Afrika aus über die gesamte Welt ausgebreitet. Sie waren sehr erfolgreich darin, mit allen Klima- und Umweltbedingungen fertig zu werden. Das war nur möglich, indem sie radikal kooperierten. Sie lebten in der Gruppe, jagten im Rudel und teilten auch den Rest der Arbeit. Sie unterstützten einander und gaben sich gegenseitig Schutz.

Menschen sind allein nicht überlebensfähig. Noch in der Antike war die am meisten gefürchtete Strafe die Verbannung. Sie war das Verdikt zu einem langsamen und schrecklichen Tod in Einsamkeit. Das Geheimnis des Erfolges der Menschheit ist Kooperation, anders gäbe es uns längst nicht mehr.

Sie kooperierten und verfeinerten dabei unablässig das Modell menschlichen Zusammenlebens. Vom Homo erectus über den Homo habilis und den Neandertaler bis hin zum Homo sapiens, der vor rund 200.000 Jahren in Afrika auftauchte: Sie alle lebten in Gruppen und teilten die Arbeit. Sie versorgten sich gegenseitig, wenn das notwendig war. Skelettfunde beweisen, dass schwer verletzte Individuen lange überlebten, auch bei schlecht verheilten Verletzungen und Behinderungen. Anhand der Befunde ist nachweisbar, dass sie versorgt wurden.

Wenn Gruppenmitglieder davon ausgehen können, dass sie im Falle einer Verletzung nicht einfach zurückgelassen werden, wachsen Vertrauen und der Wille, selbst etwas zur Gemeinschaft beizutragen. Daran hat sich bis heute nichts geändert.

Daraus darf man schließen, dass Kooperation ein wesentlicher Bestandteil unseres Mensch-Seins und in unserer Stammesgeschichte verankert ist. Das heißt, wir sind dafür gebaut. Und ich gehe so weit, zu sagen:

Das Team ist die natürliche und stammesgeschichtlich verankerte Art des Lebens von Menschen!

Das Gehirn ist ein Kooperationswerkzeug

Das Gehirn ist für gelingende Beziehungen gebaut, sagt der renommierte Neurophysiologe Joachim Bauer. Aggressionen hingegen seien lediglich ein Reservemodell für den Notfall. Es wird aktiviert, wenn Beziehungen bedroht sind, wenn sie nicht gelingen oder ganz fehlen. Mit anderen Worten: Unser Gehirn will eigentlich immer kooperieren.

Aggressiv werden Menschen immer nur dann, wenn sie das Gefühl haben, alleingelassen oder in die Enge getrieben zu werden. Wundern braucht man sich darüber nicht, denn das ganze Universum beruht auf dem Prinzip der Kooperation. Die Quarks des Urknalls schlossen sich zu Atombausteinen zusammen, diese zu Atomen und Elementen. Als das Leben „erfunden" war, gab es zunächst nur Einzeller. Auch diese schlossen sich zu Mehrzellern zusammen. Kooperation ist also das eigentlich bestimmende Muster. Unter den Bedingungen Wettkampf und Konkurrenz gäbe es überhaupt nichts – außer wabernder Ursuppe!

Angesichts dieser Befunde ist die Frage interessant, wie es zur Verbreitung der Meinung kommen konnte, dass der Kampf ums Überleben, jeder gegen jeden, das zentrale Verhaltensmodell sei. Tatsächlich spiegelt sich darin die koloniale Haltung des 19. Jahrhunderts, die von der geistigen Überlegenheit Europas überzeugt war. Die heutige Archäobiologie geht jedoch davon aus, dass unser großes Gehirn zur Verbesserung der Kooperation entwickelt wurde.

Eine Raupe, die sich in einen Kokon einspinnt und allein vor sich hin frisst, braucht kein großes Gehirn, um diese Aufgabe bewältigen zu können. Die Aufgaben für Herdentiere wie etwa Rinder sind bereits komplexer. Sie grasen gemeinsam und manche ihrer Wildformen, beispielsweise die Moschusochsen, bilden im Falle eines Angriffs eine gemeinsame Verteidigungsfront. Ihr Sozialverhalten ist aber relativ einfach.

Je mehr eine Lebensform auf Zusammenarbeit angewiesen ist, umso komplexer sind die zu bewältigenden Aufgaben. Bei eng zusammenlebenden Rudeltieren – wie bei Wölfen oder Schimpansen, aber auch bei uns Menschen – ist es von entscheidender Bedeutung, Beziehungen zu pflegen. Das heißt, dass sehr viel Kapazität notwendig ist, um das Zusammenleben gestalten und erhalten zu können – trotz aller Konflikte und Missverständnisse, die das Leben auf engem Raum mit sich bringt.

Bezogen auf die Energiebilanz, ist das Gehirn das teuerste aller Organe. Es macht nur 2 Prozent unserer Körpermasse aus, verbraucht aber rund ein Viertel der vorhandenen Energie. Hinzu kommt, dass große Gehirne sich negativ auf den Fortpflanzungserfolg auswirken. So fand der Evolutionsbiologe Alexander Kotrschal von der Universität Uppsala heraus, dass 9 Prozent mehr Gehirn einen Rückgang der Reproduktion um 19 Prozent bewirken – zumindest bei Guppies (Süßwasser-Aquarienfischen). Auch wir Menschen zählen nicht zu den Lebewesen mit hohen Reproduktionsraten.

Die Natur ist grundsätzlich „faul": Sie leistet sich keine unnötigen Organe. Schon gar nicht, wenn sie so hohe energetische Kosten verursachen. Stand der Forschung ist, dass es nur einen einzigen Grund für das große Gehirn geben kann, nämlich die soziale Interaktion – also die Kooperation.

Das menschliche Gehirn bildete jene einzigartige und hochkomplexe menschliche Sprache heraus, deren Hauptzweck wiederum Zusammenarbeit ist. Sprache ist nicht dazu da, dass wir auf den Mond fliegen können. Sie ist vielmehr ein wesentliches Werkzeug, mit dessen Hilfe wir Gemeinsamkeit und Verständnis herstellen können. Erst die Folge davon ist, dass wir ins All fliegen und viele andere Dinge tun, doch allein können wir fast nichts.

Kooperation bietet einen derartig großen evolutionären Vorteil, dass es sich lohnt, die Kosten dafür in Kauf zu nehmen, also den enormen Energieverbrauch, niedrige Geburtenraten, lange Tragzeit und schwierige Geburten.

Die Neurophysiologie meint, dass unsere Gehirne ständig nach anderen Gesichtern Ausschau halten. Sie interpretieren deren Ausdruck und erarbeiten eigenständig Reaktionsvorschläge, die sie dem bewussten Ich vorschlagen. Die Befunde könnten nicht eindeutiger sein. Das menschliche Gehirn ist für Kooperation da und bestens dafür ausgerüstet, diese zu gestalten.

Ich empfinde es manchmal als schade, dass wir keine Maschine für vollkommenes Weltverständnis im Kopf haben, sondern eher ein Überlebenswerkzeug, das Grenzen hat. Unsere Aufgabe ist es, lebensfähige Modelle zu entwickeln, die in konkreten Situationen das Zusammenleben verbessern. Es ist daher günstiger, sich pragmatisch von alten Überlegenheitsvorstellungen zu verabschieden und der Realität unserer geistigen Begrenzung gefasst ins Auge zu blicken.

Organe haben die Aufgabe, den individuellen Organismus und – im Falle des Gehirns – zusätzlich noch die Gemeinschaft am Leben zu erhalten. Dazu kommen einige Notfallstrategien, wie die schon erwähnte Aggression. Diese Strategien bilden aber nur eine Art flankierende Sicherungsoption.

Seit Ende der 1990er-Jahre, als diese Zusammenhänge naturwissenschaftlich abgesichert werden konnten, verdichten sich unablässig die Nachweise für diese menschliche Grundausstattung. Forschungsergebnisse belegen, dass Zugehörigkeit und Gemeinschaft zu Glücksgefühlen und zu dem überwältigenden Empfinden führen, mitten im Fluss des Lebens zu stehen. Dieses Gefühl hat Mihály Csikszentmihályi treffend „Flow" genannt. Erlebnisse im „Flow" – jenem ozeanischen Gefühl – verursachen Begeisterung, fördern Kreativität und Mut ebenso wie Vertrauen und den Willen zur Übernahme von Verantwortung.

Das Gehirn zieht uns dorthin, wo die Voraussetzungen für gedeihliche Zusammenarbeit günstig sind. Hin zu Menschen, die uns wohl tun, hin zu Gruppen, die uns fördern – so wollen Menschen leben! Da sind unsere Sehnsüchte, da ist auch der tiefer liegende Grund für die Vorstellungen vom idealen Kollegen, Mitarbeiter, Chef oder Unternehmen. In diesen Idealvorstellungen zeigt sich eine biologisch und physiologisch verankerte Notwendigkeit, die sich als tiefe Sehnsucht des Menschen manifestiert.

Andererseits zeigen die neurologischen Forschungen, dass alles, was als Entzug von Nähe verstanden werden kann, vom Gehirn als Schmerz erlebt wird, und zwar in ganz wörtlichem Sinne. Für das Gehirn ist es nämlich egal, ob sein Träger sich gerade das Bein bricht, eine Ohrfeige bekommt oder vom Chef heruntergemacht, von den Kollegen gemieden und gemobbt wird: All das wird vom Gehirn als Schmerz klassifiziert. Und die Reaktion darauf ist immer dieselbe: Stress. Dabei schüttet der Körper in Bruchteilen von Sekunden Adrenalin aus, das alle verfügbare Energie den Extremitäten zur Verfügung stellt. Rennen oder Kämpfen sind jetzt das Gebot des Bruchteils einer Sekunde!

Wo nimmt das Gehirn diese Energie her? Zunächst wird die Verdauung eingestellt, sie wird bei Flucht oder Verteidigung nicht gebraucht. Dann wird vorübergehend das Immunsystem heruntergefahren und schließlich das Großhirn nicht mehr mit Energie versorgt. Das bewusste Denken wird einfach abgeschaltet und die verfügbar gemachte Energie in die Extremitäten geleitet. Aus diesem Grund können Menschen in Panik unglaubliche körperliche Kräfte entwickeln. Nur: Sitzen, konzentriert arbeiten oder kreativ sein – das geht im Zustand von Stress nicht!

Werden Menschen unter Druck gesetzt, durch Entzug von Sicherheit geängstigt, isoliert und des Lebenssinns oder der Sinnhaftigkeit ihrer Tätigkeit beraubt, dann kommen sie unter Stress. Unter Stress können Menschen zwar schnell wegrennen und kämpfen, doch denken können sie nicht mehr!

Betrachtet man, was in Unternehmen vielfach als Realität erlebt wird, lohnt es sich, einen Moment innezuhalten. Häufig ist es das in einem Unternehmen herrschende Klima, das die Mitarbeiter an der Leistung hindert. Dieser Zusammenhang ist zwar mittlerweile naturwissenschaftlich robust abgesichert, hat aber in der Praxis der Unternehmensführung bisher kaum Konsequenzen ausgelöst.

Arbeiten Menschen wirklich zusammen, so fällt ihnen nicht nur die Arbeit leichter. Erlebte Gemeinsamkeit lässt alles wachsen, was Unternehmen dringend brauchen, um erfolgreich sein zu können: Engagement, Eigenverantwortung, Teamgeist und nicht zuletzt Loyalität und Kreativität. Funktioniert die Zusammenarbeit wirklich gut, dann lässt sich ein bisher völlig unbekanntes Phänomen beobachten: Gehirne koordinieren sich nicht nur, sie synchronisieren sich sogar!

Entdeckt wurde dieser Zusammenhang von einem Forschungsteam um den Entwicklungspsychologen Ulman Lindenberger vom Max-Planck-Institut für Bildungsforschung in Berlin. Ihn interessierte, wie es möglich ist, dass Musiker sich untereinander so koordinieren, dass sie einen gemeinsamen Klang hervorbringen können. Als Testensemble wählte er Gitarristen, denn Gitarren erzeugen Töne schneller als die meisten anderen Instrumente. Auf jeden Fall schneller als die Reaktionszeit auf einen Reiz. Es ist also unmöglich, dass die Gitarristen in irgendeiner Weise „mitdenken". Wie aber gelingt es ihnen, ihr Handeln aufeinander abzustimmen, wenn auch noch jeder eine andere Stimme, also eine andere Melodie spielt?

Um einer Antwort näherzukommen, wurde während des Ensemblespiels eine Hirnstrommessung durchgeführt. Das Ergebnis war selbst für die Forscher eine Überraschung. Schon nach wenigen Takten synchronisierten sich die Hirnströme und es bildete sich eine Art gehirnübergreifendes Netzwerk. Auf eine noch nicht ganz geklärte Weise entsteht eine Art Metagehirn, das im Gleichklang schwingt.

Ulman Lindenberger nennt das eine „neuronale Wolke". Über diese werden die unterschiedlichen Spielhandlungen abgestimmt und koordiniert. Die Musiker selbst schwimmen in einem beglückenden Gefühl, auf gleicher Wellenlänge zu sein. Sie schweben sozusagen in der Harmonie und in diesem Zustand reißen sie das Publikum mit.

Dabei ist zu bedenken, dass Ensemblespiel eine Höchstleistung an Konzentration darstellt. Die Forscher wiesen erstmals nach, dass ein Erlebnis der Gemeinsamkeit dafür unabdingbar notwendig ist. Wie, so fragten sie weiter, konnte diese „neuronale Wolke" zustande kommen?

Es zeigte sich, dass das nur funktionierte, wenn die Musiker einander sehen konnten. Aufnahmen mit Superzeitlupe ließen erkennen, dass die Abstimmung über kleinste Mikrogesten und über Mikromimik passiert, die nur wenige Millisekunden andauern.

In diesen Versuchsreihen wurde deutlich, was gute Teams wirklich ausmacht, wie sie zusammenarbeiten und was dabei genau geschieht. Das Geheimnis guter Teams, vor allem von Hochleistungsteams, ist demnach, dass deren Mitglieder nach Synchronisation streben, nach dem Zustand im Gleichklang schwingender Gehirne. Das gilt auch für die Besucher von Konzerten, sie werden ebenfalls in diesen Synchronisationsprozess eingebunden. Es ist zu vermuten, dass das Musikerlebnis eines Konzertes zu einem erheblichen Teil genau daraus besteht: aus Synchronisation! Und aus dem gleichen Grund füllen sich auch Fußballstadien.

In diesem synchronisierten Zustand weisen die Gehirne aller guten Teams nicht nur die neuronalen Elemente des erwähnten Gitarren-Ensembles auf. Ihr Geist bekommt dabei gleichsam Flügel, die Mitglieder des Teams erleben stärkste Glücksgefühle. In diesem Zustand ist für Menschen die absolute Höhe von Spitzenleistungen erreichbar. Und das wirkt ansteckend auf die gesamte Umgebung, die zusieht und zuhört! Das alles gilt nicht nur für Konzerte, sondern es zeigt, wie wir Menschen in Wahrheit funktionieren. Überall – auch in der Arbeit.

Ermutigende Bestätigungen

Diese Forschungsergebnisse bestätigen die Bedeutung der Wünsche, die Führungskräfte und Mitarbeiter verschiedenster Unternehmen haben, wenn man sie nach ihren Idealvorstellungen fragt. Laufend bekräftigen neue Erkenntnisse, dass Menschen nicht nur am besten arbeiten, sondern gleichzeitig am gesündesten sind und sich am wohlsten fühlen, wenn sie von einem positiven Arbeitsklima umgeben sind und sich in eine echte Gemeinschaft eingebunden fühlen.

Tatsächlich gibt es Unternehmen, manchmal auch nur Abteilungen, in denen Chefs sitzen, die sich ernsthaft bemühen, ein angenehmes Klima herzustellen. Sie glauben, dass Menschen dann am meisten leisten, wenn es ihnen gut geht. Nicht zuletzt, weil sie wissen, dass damit auch ihre eigene Arbeit als Führungskraft leichter wird. Sie stellen nicht nur erfrischende Inseln positiven Klimas her, sondern sind meistens auch geschäftlich über die Maßen erfolgreich. Regelmäßig liegen sie über dem Plansoll und steigern ihren Erfolg. Das ist sofort bemerkbar, wenn man ein solches Unternehmen oder die Räume einer solchen Abteilung besucht. Ihre Mitarbeiter sind entspannt, freundlich zueinander und zu Außenstehenden einladend und neugierig. Sie sind immer gute Gesprächspartner. Fast nie wirken sie überlastet, bei aller Leistung, die sie täglich erbringen. Wer würde nicht gerne in einem solchen Umfeld arbeiten?

Bereits in den 1960er-Jahren hat Douglas McGregor den Zusammenhang zwischen Unternehmensklima und Führung entdeckt. In seinem Buch „The Human Side of Enterprise" stellte er fest, dass in den meisten Unternehmen die stillschweigende Grundannahme besteht, dass Menschen Arbeit vermeiden würden, wo immer ihnen dies möglich ist. Diese Annahme nannte er Theorie X. Wer von dieser Theorie ausgeht, glaubt notwendigerweise, er müsse seine Mitarbeiter scharf kontrollieren, zwingen und bedrohen. McGregor hielt dieses Menschenbild für extrem ungünstig, wenn es darum geht, Menschen zu etwas zu bewegen. Er ging von der entgegengesetzten Grundannahme aus, dass Menschen immer etwas leisten wollen und es auch tun, wenn man sie lässt. Dieses grundsätzlich positive Bild über Mitarbeiter nannte er Theorie Y.

Aus dem Wald tönt immer das heraus, was man hineinruft, meinte McGregor. Nicht die Menschen seien von Haus aus unwillig, sondern erst die äußeren Umstände machten sie dazu.

Wer also versucht, Mitarbeiter unter Druck zu setzen, wird nur erreichen, dass sie sowohl ihre individuelle als auch ihre kollektive Intelligenz dazu einsetzen, diesem Druck auszuweichen. Das Engagement für das Unternehmen werden sie allerdings unverzüglich einstellen. Vertraut man ihnen jedoch, bestätigt sie und achtet ihre Würde, so werden sie ihre Energien einsetzen, um weitere Bestätigung zu erhalten.

Diesen Zusammenhang konnte ich bereits als Student in verschiedenen Ferienjobs beobachten: Wurde mir mit Vertrauen begegnet, tat ich alles, um dieses gute Gefühl zu erhalten. Wurde mir hingegen mit Misstrauen oder gar Missachtung begegnet, so nahm ich weder meine Arbeit noch meine Führungskräfte ernst. An mir selbst erlebte ich, wie viel Energie ich dafür einsetzte, die Wege dieser Vorgesetzten nicht zu kreuzen, und ich erlebte, wie meine Loyalität zusammenbrach.

Als ich als junger Redakteur bei einer Tageszeitung arbeitete, kam es zu Konflikten zwischen der Redaktion und der Verwaltung des Unternehmens. Mir fiel auf, dass die Arbeitsleistung in der Redaktion zerplatzte wie eine Seifenblase. Zwar wurden die Artikel immer noch fertig und wir füllten täglich die Zeitung, doch rund 40 Prozent – so meine damalige Schätzung – der geistigen Leistungsfähigkeit lösten sich zwischen Ängsten und Verteidigungsbereitschaft in Luft auf. Damit lag ich nicht weit von der Realität entfernt, denn einige Jahre später wurde an der Universität München festgestellt, dass bereits ein leichtes Gefühl von Angst die geistige Leistungsfähigkeit bei Psychologiestudenten um eben diesen Prozentsatz senkte. Ich nahm in der Folge die These von McGregor immer sehr ernst. Später konnten meine Kollegen und ich großartige Erfolge erzielen, indem wir in Beratungen versuchten, die Grundannahme der Führungskräfte über ihre Mitarbeiter der Theorie Y anzunähern.

Vor einiger Zeit begleitete ich die Zusammenlegung von drei bis dahin zueinander in Konkurrenz stehenden Pflegeheimen. Die Schlüsselfrage war: Wie würde sich das nun zusammengewürfelte Personal verhalten? Jedes Haus hatte seine eigene Kultur und sein eigenes Klientel. So waren in einem der Häuser eher die Alkoholiker angesiedelt, im zweiten vor allem sozial schwächere Menschen, das dritte Haus war von allen das größte mit den meisten Ressourcen. Geschichten, Mythen und Legenden kursierten in beträchtlicher Zahl – nicht immer von der netten Sorte.

Dem internen Projektteam, dem ich begleitend zur Seite stand, gelang es, dafür zu sorgen, dass nach und nach ein Klima der gegenseitigen Achtung entstehen konnte. Alle beteiligten sich, vor allem die Führungskräfte. Danach gelang die Vereinigung der Häuser problemlos.

Nimmt man die Forschungsergebnisse zur Kenntnis, folgt dabei dem eigenen Gefühl und geht auch noch auf Wünsche der Mitarbeiter ein, so müsste es doch ein Leichtes sein, Arbeit als freudvolles Miteinander zu gestalten, in dem Menschen ihr Bestes geben. Es passt doch alles so gut zusammen: der ideale Mitarbeiter, der ideale Chef und das ideale Unternehmen! Das kann doch nicht so schwer sein, möchte man meinen.

Wie schön wäre es doch, wenn die Mitarbeiter eines Unternehmens sich bereits am Sonntagabend auf den Montag freuen könnten. Alle hätten etwas davon: Die Kollegen hätten Freude am Arbeitsplatz. Die Führungskräfte würden viel Kraft sparen und auch persönlich von der allgemein guten Stimmung profitieren.

Sie würden keine opponierenden Gegner vorfinden, die Dinge verschleppen, sondern sich in der Mitte zwischen engagierten und eigenverantwortlichen Menschen bewegen. Den Kunden würde ein solches Unternehmen gefallen, denn sie würden nicht nur Produkte einkaufen, sondern die Menschen und das Unternehmen einfach gern haben.

Nachwuchssorgen hätte man in einem solchen Unternehmen auch nicht, denn junge und talentierte Menschen würden sich geradezu in eine Warteschlange stellen, um hier arbeiten zu dürfen. Diesem Unternehmen würde der Ruf vorauseilen, dass ein wunderbares Klima herrscht, in dem es einem einfach gut geht, in dem Leistung Sinn macht und in dem die persönliche Würde jedes Einzelnen gefördert wird.

Inmitten dieses allgemeinen Wohlgefühls wären Spitzenleistungen an der Tagesordnung. Dabei wären gar keine Spitzengehälter notwendig, denn allen, die hierher wollen, wäre das förderliche Miteinander wichtiger als ein fürstliches Gehalt. Und sollte es einmal knapp werden, würde die Welt auch nicht zusammenbrechen. Man kann sicher sein, dass alle miteinander die Ärmel hochkrempeln würden, um diesen Arbeitsplatz zu erhalten! Es wäre wie die Quadratur des Kreises – und gar nicht so schwierig. Man müsste nur einige Regeln einhalten und auf menschliche Grundgegebenheiten Rücksicht nehmen.

Sollten Sie zu den Auserwählten zählen, die das Glück haben, in einem Unternehmen zu arbeiten, dem das gelingt, gratuliere ich Ihnen! Fühlen Sie sich bestätigt, verbringen Sie auch diesen Tag angenehm und mit einem Lächeln auf den Lippen!

II. Schlachtfeld Unternehmen

In Unternehmen der realen Welt herrscht vielfach eine andere Wirklichkeit. Das ist verwunderlich in Anbetracht der wissenschaftlich fundierten Hinweise und Nachweise aus Sozialpsychologie, Anthropologie und nun auch Biologie und Neurophysiologie.

Auf irgendeine geheime, doch sehr mächtige Weise scheinen diese Erkenntnisse nicht die Kraft zu haben, in den Alltag von Organisationen vorzudringen. Hartnäckig quillt einem überall Leid entgegen. Auf allen hierarchischen Stufen nahezu jeder Organisation finden sich Menschen, denen bewusst ist, wie es aussehen sollte, und die sich dafür einsetzen oder eingesetzt haben. Menschen, die wissen, wie es auch ökonomisch sinnvoller wäre und die Erträge steigen ließe. Überall sind aber auch Menschen zu finden, die aufgegeben haben. Sie haben alles versucht, um die Verhältnisse zu verbessern, und sind dabei gescheitert. Ernüchtert und desillusioniert, sind sie nur noch daran interessiert, ihr Gehalt zu bekommen.

Vom Miteinander und von Synergien wird in Unternehmen viel gesprochen. Es gibt kaum ein Seminar, das nicht die Pflege der Beziehungen in einer Organisation als wichtigsten Faktor des geschäftlichen Erfolges herausstreichen würde. Es fehlt auch nicht an Ratschlägen und Programmen, die versprechen, Gemeinsamkeit und Wir-Gefühl zu fördern. Jenseits von kurzfristigen Effekten sind die Erfolge überwiegend kaum der Rede wert.

Die Resistenz der gelebten Realität gegenüber der besseren Einsicht ist hartnäckig. Zu erkennen ist das nicht zuletzt daran, dass eine große Zahl von Theoretikern und Praktikern mit internationalem Rang Bücher publiziert, die sich ausschließlich mit der Bedeutung von Emotionen und Beziehungen für den wirtschaftlichen Erfolg beschäftigen.

Bereits im Jahr 1996 erschien das Buch „Emotionale Intelligenz" von Daniel Goleman. Der Nachweis der Bedeutung des Miteinanders und der Fähigkeit, dieses zu gestalten, erregte damals die Gemüter. Zu sehr glaubte man noch an die ungeheure Überlegenheit kristalliner ökonomischer Vernunft. Goleman legte noch nach und veröffentlichte einige Jahre später sein Konzept der „Emotionalen Führung". Die Zeit war aber noch nicht reif. In der Blüte des Shareholder-Value suchte man nach schnelleren Lösungen, um Unternehmensgewinne zu erzielen.

Es bedurfte einer Reihe von ökonomischen Krisen, bis sich das Blatt langsam zu wenden begann. Am Anfang stand im Jahr 2000 der Zusammenbruch der New Economy. Ein Jahr später wurde eines der größten Unternehmen der Welt mit Namen „Enron" insolvent. Die Jagd nach schnellem Geld hatte zur Überhitzung der Geschäfte und schließlich zur Bilanzmanipulation geführt. 2007 platzte die Blase des US-Immobilienmarktes und riss in der Folge die Weltwirtschaft mit sich, was uns wohl noch viele Jahre beschäftigen wird.

Alle diese Krisen mögen ihre Ursache in der Kurzsichtigkeit der Akteure haben. Nicht aber in einem Mangel an rationalem Handeln – im Gegenteil. Das Denken der Verantwortlichen folgte ganz klaren Regeln und war absolut konsequent. Es folgte einer durchaus stringenten Logik. Nur war diese in sich geschlossen und umfasste lediglich einen kleinen Teil wirtschaftlich bedeutender Faktoren. Typisch für dieses Denken ist, dass es Menschen ausschließlich als Produktionsfaktoren betrachtet. Im Zentrum stehen Produktivität und Wachstum. Dass diese ohne den Menschen nicht existieren können, dass alle Ökonomie beim Menschen beginnt und beim Menschen endet, verbleibt außerhalb des Blickfeldes.

Seither mehrt sich die Literatur, die auf die Bedeutung menschlicher Bedürfnisse für den wirtschaftlichen Erfolg von Unternehmen hinweist und dabei zunehmend auch jene Kosten im Blick hat, die durch Enttäuschungen und Kränkungen von Mitarbeitern und Kunden entstehen. So verfasste der Nobelpreisträger Joseph E. Stiglitz das Werk „Der Preis der Ungleichheit". Darin weist er nach, dass die Ungleichheit Wirtschaft und Politik korrumpiert und keinesfalls zu Wachstum führt, sondern dieses massiv schädigt.

Richard Sennet wiederum stellte die Frage, was unsere Gesellschaft ausmache. Er fand die Antwort im Zusammenhalt. Sehr interessant ist auch die Studie der beiden Epidemiologen Richard G. Wilkinson und Kate Pickett, die zu dem – auch für Unternehmen gültigen – Schluss kommen, dass solidarische Gesellschaften wesentlich erfolgreicher und auch deutlich kostengünstiger arbeiten als solche, in denen Ungleichheit und Misstrauen herrschen.

Langsam, nur sehr langsam dringen solche Überlegungen ins Bewusstsein vor. Vieles hat sich verändert, manches wird auch behutsam besser. Dennoch ist das Panorama, das sich vor uns ausbreitet, weithin unverändert. Erniedrigung und Entwürdigung sind aller Nachweise zum Trotz immer noch an der Tagesordnung.

Wie man den eigenen Ast absägt

Es ist Nachmittag. Gerade hatte ich einen Freund in seinem Büro besucht und eine interessante Unterhaltung hinter mir. Es war bereits nach Büroschluss und in den Gängen niemand mehr zu sehen. Als ich an der Teeküche vorbeikomme, erkennt mich eine Bekannte, die ich einige Jahre nicht mehr gesehen habe. Sie arbeitet als Projektmanagerin in einer strategisch wichtigen Abteilung eines größeren Unternehmens.

Auf die Frage, wie es ihr denn gehe, antwortet sie ohne Zögern: „Mir geht es jetzt gut. Ich lass mich nicht mehr schicken! Ich mach alles nur noch so langsam wie irgendwie möglich. Die (Anm.: gemeint ist die Führung des Unternehmens) ändern ständig die Richtung. Sie fangen Dinge an und erwarten von uns, dass wir uns anstrengen. Wenn sie plötzlich auf andere Ideen kommen oder bemerken, dass ihre Vorstellungen nicht funktionieren, ist mit einem Schlag alles anders und ich steh allein über dem Abgrund, obwohl ich mich nur bemüht habe, das zu tun, was von mir verlangt wurde. Ich engagiere mich hier nicht mehr!"

Innere Kündigung, den Fachbegriff für diesen Zustand, kann man kaum präziser beschreiben.

Dieser ursprünglich sehr motivierten Mitarbeiterin ist solches nicht nur einmal, sondern mehrfach widerfahren. Am schlimmsten war es, als sie sich über einen Vorgesetzten beschwert hatte, der bekannt war für seine Zudringlichkeit. Er blieb auf seinem Posten, sie wurde versetzt!

Dass Mitarbeiter so behandelt werden, ist beileibe kein reines Frauenthema! Nichts, von dem ich in diesem Buch berichte, hat ein spezifisches Gender-Etikett. Jeder, der Einblick in viele Unternehmen hat, weiß Serien solcher Geschichten von Männern und von Frauen zu erzählen.

Es handelt sich auch nicht um Einzelfälle, denn das geschulte Ohr des erfahrenen Beraters würde diese ohne langes Zögern ausfiltern. Wenn sich solche Berichte häufen, wenn kaum noch ein Lächeln zu sehen ist, wenn mehr über Schuldige als über Lösungen gesprochen wird, dann drängt sich die Annahme auf, dass es sich um Indikatoren für einen allgemeinen Zustand handelt.

Miese Stimmung vernichtet Kapital in kaum vorstellbarem Ausmaß. Kapitalvergeudung ist ein betriebswirtschaftlich höchst relevanter Faktor. Wenn es stimmt, dass Personalkosten regelmäßig einen großen Bereich der Kostenstruktur von Unternehmen ausmachen, dann heißt das umgekehrt, dass auch nichts so teuer ist wie der Leistungsabfall durch Frustration.

Anstatt jedoch diesem Kernproblem die Stirn zu bieten und sich um das Engagement der Mitarbeiter zu bemühen, werden häufig Weisungen enger gefasst, restriktivere Kontrollmechanismen eingezogen und Personal reduziert. Dann ist bald jener Punkt erreicht, von dem an die Spirale der Demotivation damit beginnt, das Engagement der Mitarbeiter in kleine Fetzen zu schreddern.

In den Köpfen vieler Führungskräfte treibt der Glaube an die heilsame Wirkung von Druck sein Unwesen, doch das erweist sich als gefährlicher Trugschluss. Mitarbeiter reagieren auf Druck, das stimmt schon, die Energie fließt aber in Ausweichstrategien. Die Wahrscheinlichkeit spricht eher dafür, dass den Führungskräften das Vertrauen aufgekündigt wird und mentale Barrikaden errichtet werden. Mit Langzeiteffekt lernt die Belegschaft, die Wünsche der Führung zu unterlaufen. Die daran beteiligte Kraft geht dem Unternehmen verloren.

Aus diesem Holz ist der häufig beklagte Stillstand in vielen Unternehmen gezimmert! So gut wie nie steht am Beginn eines solchen Prozesses der Unwille der Mitarbeiter. Und falls jemand fragt, warum gerade er so unbewegliche Mitarbeiter hat, muss er sich die Frage gefallen lassen, warum die sich gerade bei ihm derart sammeln!

Zu dem Thema noch einige Kostproben aus dem Fundus gelebter Kapitalvernichtung:

B., ein Mitarbeiter der untersten Führungsebene eines Unternehmens mit knapp zweitausend Mitarbeitern, sagt: „Ich lebe jetzt nach der Arbeit, sonst stehe ich das bis zur Pension nicht durch." Dieser Mitarbeiter hat zwar nur eine niedrige Führungsposition, doch erfreut er sich eines hohen sozialen Ranges. Auf ihn wird gerne gehört, sogar von Führungskräften aus benachbarten Abteilungen.

Er ist derjenige, der die Stimmung unter den Kollegen am besten kennt, er war und ist immer zu einem Gespräch bereit. Seine Meinung ist überaus geschätzt, also kann man ihn mit Fug und Recht als „informelle Führungskraft" bezeichnen. Kurz: B. ist ein partnerschaftlicher Mitarbeiter, wie er in Lehrbüchern als Idealzustand beschrieben wird.

Sein Pech ist, dass ihn sein Chef nicht so zu sehen vermochte. Er erkannte in ihm nicht den Unterstützer und Partner, sondern den Konkurrenten um die Macht. Nichts jedoch lag B. ferner, er war nur darum bemüht, dass alle gut miteinander auskommen. Genau das rief das Misstrauen des Chefs hervor. Mit weit weniger sozialer Intelligenz beschenkt als B., sah er das allgemeine Vertrauen, das diesem entgegengebracht wurde, als Gefährdung seiner Position als Chef. „Ein ganz schwieriger Mitarbeiter", sagt sein Vorgesetzter noch heute und erklärt wortreich, wie schwierig es sei, B. „auf Linie" zu halten.

Über die Jahre steigt die Frustration von B., nun ist er über fünfzig. Seine soziale Kompetenz wird nach wie vor überall geschätzt – mit Ausnahme seines Vorgesetzten. Aber die Kämpfe der vergangenen Jahre haben B. viel Kraft gekostet. Er ist müde geworden und seine Batterien sind leer. Jetzt strengt er sich nicht mehr an, um der Kollegenschaft Gemeinsamkeit schmackhaft zu machen. Veranstaltungen meidet er, weil er die Nase voll hat, wie er sagt.

Die Kollegen, denen seine Meinung immer wichtig gewesen ist, hören nun anderes von ihm.

Schon lange hat man seinen alten Lieblingssatz nicht mehr vernommen: „Wer will, findet Wege, wer nicht will, findet Gründe. Finden wir also Wege!" Er will jetzt nicht mehr mitspielen. Er wartet nur noch auf seine Pensionierung.

Mit den Kollegen redet er immer noch und die hören nach wie vor auf ihn. Seine Themen drehen sich um seinen Garten, seine Freizeit und damit, wie wunderbar die Jugendmannschaft im Fußballverein sich entwickelt, deren Coach er ist. B. ist geistig ausgewandert!

Da seine Opinionleader-Funktion nach wie vor besteht, verbreitet sich das Gefühl der Sinnlosigkeit und Entwürdigung unter seinen rund vierhundert Kollegen. Was sollte man nun mit ihm tun? Ihn kündigen oder ihn in Frühpension schicken? Unter seinen Kollegen würde dann das Niveau der destruktiven Energie verlässlich ansteigen.

Nicht lange danach wurde B. ernstlich krank. Seine Kollegen gaben die Schuld dem Unternehmen und dem Vorgesetzten, der so endgültig zum Feindbild seiner eigenen Mannschaft wurde. Er verlor Achtung, Akzeptanz und Führungswirkung. Gemeinsam unterlief die Kollegenschaft immer öfter seine Absichten, mit der Produktivität und Kreativität der Abteilung ging es steil nach unten. Der Abteilungsleiter benötigte immer mehr Kraft, um wenigstens irgendeine Wirkung zu erzeugen. Immer öfter lief er mit hochrotem Kopf durch die Abteilung, auch schrie er seine Leute immer öfter an. Diese lernten sehr schnell, wie sie ihn behandeln mussten. Schreien, so bemerkten sie, gibt ihm das Gefühl von Wichtigkeit und Aktivität. Also ließen sie ihn brüllen …

Von der Mikrobe effektiver Energievernichtung sind nicht nur Industrieunternehmen befallen. Da gibt es zum Beispiel eine Organisation, die sich Kindern aus sozialen Randgruppen widmet. L., einer der leitenden Angestellten, führt ein Betreuerteam für schwierige Jugendliche.

Seit einem Jahr gibt es in der Landeszentrale einen neuen Geschäftsführer. Dieser setzt auf Druck, Misstrauen und Repression als Führungsinstrumente. Inkonsequenz kann man ihm nicht vorwerfen, denn er folgt unbeirrt seinem Weg. Auftretende Probleme nimmt er einfach nicht wahr. Regeln ändert er im Alleingang, je nach aktueller Opportunität. Von den Mitarbeitern jedoch fordert er Vertrauen und unbedingte Loyalität.

Das Team um L. war immer sehr engagiert. Die Erfahrung der Mitglieder des Teams ist groß und sie verstehen ihre Arbeit. Ihre Schützlinge benötigen vor allem Vertrauen von ihren pädagogischen Bezugspersonen, also den Betreuern. Das Misstrauen des Geschäftsführers wurde für die Betreuer zu einem großen Problem. Wie sollen Menschen, denen selbst misstraut wird, anderen Vertrauen schenken können?

Für die Betreuer ging die Schere auf zwischen selbst erfahrenem Misstrauen und professionell zu erzeugendem Vertrauen bei ihren Schützlingen. Diese Spannung wurde langsam unerträglich. Schließlich bemerkten sie selbst, dass sie den Jugendlichen gegenüber ungeduldig wurden. Ihnen war klar, dass sie ihre Arbeit bald nicht mehr erfüllen könnten. Sie sahen nur zwei Möglichkeiten, beide für das Team aber nicht akzeptabel: entweder kündigen und die Betreuten sich selbst überlassen, oder sich unterwerfen, mit unausweichlichen Folgen für die Qualität der Betreuung.

Die Mitglieder des Teams, die durch ihre Arbeit sehr geübt darin waren, immer einen Weg zu finden, entschieden sich für eine dritte Variante. Sie blieben, um die Jugendlichen nicht alleinzulassen, fanden aber eine Lösung, sich die Zentrale vom Hals zu halten. Von da an wurden zwei Handlungsalternativen abwechselnd angewandt: Entweder sie komponierten Berichte so, dass sie der Geschäftsführung gefielen, oder sie schütteten die Zentrale mit Meldungen und Fragen zu und delegierten auch die kleinsten Entscheidungen planmäßig nach oben, um den Stress dort zu erhöhen.

Diese Methode war erfolgreich. Daher wurden andere enttäuschte Teams darüber informiert. Auch diese hielten sich an die Methode. Im Ergebnis war die Geschäftsführung zwar sehr gut beschäftigt, faktisch allerdings entmündigt. Sie wusste bald nichts mehr über die realen Vorgänge im Unternehmen und begann sich in einer Fantasiewelt um die eigene Achse zu drehen.

Diese wenigen Beispiele zeigen: Man kann sich – egal, was man als Führungskraft tut – darauf verlassen, dass Mitarbeitern immer etwas einfällt. Die Frage ist nur: Was?

Führungskräfte sind keine Übermenschen

Muss man also als Führungskraft ein Übermensch sein, dem niemals auch nur der kleinste Fehler unterlaufen darf? Mit Sicherheit nicht!

Führungskräfte kämpfen mit den gleichen Unsicherheiten wie alle anderen auch. Darüber hinaus werden sie aber für Leistungen verantwortlich gemacht, auf die sie nicht vorbereitet sind und für die das „Management by Numbers" keine Lösungen anbietet. Mit dieser Verantwortung stehen sie völlig allein da. Spricht man mit Führungskräften, wird deutlich, wie sehr auch sie leiden.

Beispielsweise erklärte die Finanzchefin eines sehr erfolgreichen und global agierenden Unternehmens verzweifelt, dass der ewige Zwang des Kostendrucks die Mitarbeiter des Unternehmens demotiviere. Damit würde mittelfristig die innovative Kraft des Unternehmens zwangsweise auf der Strecke bleiben. Unter Druck sei Verwaltung gerade noch möglich, Gestaltung nicht mehr. Und das würde das Unternehmen auch finanziell gefährden. Die Vorstände würden das jedoch nicht erkennen und jede Erwähnung der Mitarbeiterzufriedenheit kurzerhand vom Tisch wischen.

Dass verantwortungsbewusste Führungskräfte unter solchen Bedingungen demotiviert sind, versteht sich von selbst. Unlängst sagte mir die Bereichsleiterin eines anderen internationalen Unternehmens: „Manchmal glaube ich, ich muss über mich selbst kotzen! Ich habe versucht, etwas zu ändern, etwas zu verbessern. Aber ich bin immer gescheitert. Jetzt habe ich noch zwei Jahre bis zur Pension und sitze hier die Zeit noch ab. Ich weiß, dass ich damit zum Teil dieser Vorgänge bei uns werde. Aber mir fehlt die Kraft, noch einmal woanders von vorne zu beginnen."

H., Eigentümer eines kleinen Unternehmens, erzählte mir von seinen Problemen mit Mitarbeitern. Viele, so meint er, kommen schon verdorben ins Unternehmen. Sie übernähmen keine Verantwortung, weil sie es nie gelernt hätten. Deshalb delegierten sie jede Kleinigkeit schnell nach oben und kämen nicht auf die Idee, dass sie vielleicht selbst Probleme lösen könnten.

Besonders verärgert war H., als eine seiner Mitarbeiterinnen ein Problem mit der EDV hatte. Sie meldete mehrfach, dass es ein Problem gäbe, das nicht zu beheben sei. Also rief H. den Administrator an, der ihm jedoch versicherte, alles funktioniere ordnungsgemäß. Am Ende stellte sich heraus, dass die Mitarbeiterin beim ersten Versuch gescheitert war und unverzüglich ein Mail an den Unternehmer schrieb. „Hätte sie die gleiche Zeit dazu verwendet, es noch einmal zu versuchen, wären dem Administrator und mir etliche Arbeitsstunden erspart geblieben. Was soll man da tun? Am liebsten würde man schreien. Das geht aber nicht, weil dann der Schaden noch größer würde."

Viele Führungskräfte schweben zwischen Entmutigung und Verzweiflung. Sie kennen die Nöte ihrer Mitarbeiter und nehmen sie durchaus ernst, sehen aber keinen Ausweg aus der Situation. Gerade die talentiertesten Chefs ziehen sich häufig in die innere Kündigung zurück – aus schierer Aussichtslosigkeit.

Führungskräfte stehen im Rampenlicht ihrer Mitarbeiter. Jede Äußerung und jede Verhaltensänderung wird beobachtet und interpretiert. Der Druck auf sie ist doppelt: Oben erwartet man Geschäftsergebnisse, unten die Lösung von Lebensproblemen aller Art. Dieser Spagat ist kaum noch zu schaffen.

Betroffen davon sind hauptsächlich Führungskräfte, die wirklich etwas mit den Menschen im Unternehmen zu tun haben. Auf sie ist der Druck der Geschäftsleitungen und Konzernzentralen am größten. Sie werden verantwortlich gemacht für die Reibungslosigkeit des Ablaufs und die Steigerung der Umsätze. Gleichzeitig erhalten sie immer weniger Unterstützung. Sie sind es aber auch, die aus Erfahrung genau wissen, wie sich Stimmungsschwankungen im Team auswirken.

Je weiter weg Führungskräfte von den Mitarbeitern an der Basis sind, umso größer ist die Gefahr, der Versuchung zu erliegen, Unangenehmes nach unten zu delegieren. Dabei greift mancherorts ein frappierender Zynismus um sich.

Es ist noch nicht lange her, da berichtete mir eine Seminargruppe aus Abteilungs- und Bereichsleitern, dass sie ständig Seminare besuchen müssten, wo sie aufgefordert würden, aus ihrer „Komfortzone" herauszukommen. Gleichzeitig habe der Vorstand von ihnen verlangt, einen „Qualitätstausch" vorzunehmen.

Diesen Begriff hatte ich noch nie gehört und so fragte ich nach. „Qualitätstausch", so wurde ich belehrt, bedeutet, dass in jeder Abteilung einige Kollegen zu kündigen seien, deren Qualitäten nach Ansicht des Topmanagements nicht mehr gebraucht würden. Sie sollten durch andere ersetzt werden, die auf dem Markt zu suchen wären.

Nun standen die Führungskräfte da, völlig demotiviert und verzweifelt. Allein die Verwendung dieses geschönten Wortes hatte den letzten Rest ihres Vertrauens in die Vorstände zerstört. Diese hatten sich aus ihrer Sicht auf elegante Weise eines emotional sehr aufreibenden Problems entledigt und es nach unten delegiert. Welche Folge- und Langzeiteffekte durch solche rhetorischen Taschenspielertricks bei Mitarbeitern und mittleren Führungskräften entstehen, lag außerhalb der Vorstellungskraft des Vorstandes.

Es gibt viele solche Geschichten, viel zu viele. So etwa aus einem international agierenden Unternehmen, das die Leistung seiner Mitarbeiter durch die Bindung ihrer Familien an das Unternehmen erhöhen will. Familienzusammenkünfte und Feste gibt es dort viele, nach außen wird das als Familienfreundlichkeit verkauft. Intern geht es darum, über die positive Bindung der Familien Druck auf die eigenen Mitarbeiter auszuüben.

In diesem Unternehmen wird man ebenso leicht befördert wie degradiert – beides wird bei den Familientreffen zum Thema. Gespielt wird hier, vorsätzlich und geplant, mit der Scham der Ehepartner. Angestrebt wird die Erhöhung des Drucks auf die Mitarbeiter durch die Familien.

Es ist verblüffend und schockierend zugleich, welcher Mangel an Wissen über die Psyche von Menschen an solchen Beispielen deutlich wird, welche Defizite an Kenntnis über Kommunikation vielerorts anzutreffen sind und wie gering die Vorstellungskraft über die Folgen solcher Winkelzüge entwickelt ist.

Auf der Basis von Vertrauen und gegenseitigem Verständnis hätte man sich viel ersparen können, dennoch ist für negative Folgen nicht immer die erklärte Absicht verantwortlich. Negative Wirkung kann auch entstehen, wenn man als Führungskraft in ein Fettnäpfchen tritt, ohne es zu wissen.

Dies geschah etwa in einem Zulieferunternehmen der chemischen Industrie, das mit Forschungsarbeiten betraut ist. Die für das Unternehmen wichtigste Laborexpertin plante eines Tages einen Urlaub und schickte das Ansuchen an ihren Vorgesetzten. Einige Tage später erhielt sie von dessen Assistentin ein Mail mit der Frage, warum das nötig sei.

Die Chemikerin war tief getroffen: „Ich habe viele Jahre absolut loyal gearbeitet, ohne die geringsten Probleme zu machen. Ich habe extrem viel zum Erfolg des Hauses beigetragen. Und jetzt plötzlich muss ich mich vor der Assistentin rechtfertigen, die weder eine Ahnung davon hat, was sie da fragt, noch mit der Antwort etwas anfangen kann!"

Dadurch war das Vertrauen zu ihrem Chef so gestört, dass sie einige Monate später kündigte. Sie fand bald wieder Arbeit, das Unternehmen aber kam in große Probleme, weil ihr Know-how verloren war. Der Grund für diese Entwicklung war, dass der Chef sehr viele operative Aufgaben hatte und seine wahren Führungsaufgaben als delegierbare Nebenbeschäftigung betrachtet hatte.

Wäre das Klima in diesem Unternehmen von stärkerem gegenseitigem Vertrauen geprägt gewesen, hätte die Chemikerin eine Möglichkeit gesehen, über ihr Gefühl der Zurücksetzung mit dem Chef zu sprechen, anstatt gleich die Reißleine zu ziehen. So wäre sie dem Haus erhalten geblieben – und mit ihr das unverzichtbare Know-how.

Der Glaube an reine Sachthemen ist ein Trugschluss

Der Glaube, dass es in der Wirtschaft allein um Sachthemen gehe, beruht auf einem verbreiteten Denkfehler. Er tritt häufig in Begleitung der Ansicht auf, dass Motivation eine Bringschuld der Mitarbeiter sei, für die sie schließlich Gehalt bekämen. Dieser Glaube enthebt einen zwar subjektiv der Verantwortung, die Folgen können jedoch verheerend sein.

In einem Fall hatte ich es mit einem Unternehmen zu tun, das ein System des Work-Force-Managements einführte. Die Serviceleute sollten ihre Touren nicht mehr selbst zusammenstellen, sondern die Routen sollten von einem Algorithmus errechnet werden. Ob und welche Probleme sich einstellten, wollte man in einem Probelauf herausfinden. Die Mitarbeiter überhörten diese Nebenbedingung. Sie misstrauten ihrer Führung bereits vorher und nahmen gar nicht wahr, dass es nur darum ging, eine bessere Lösung zu erarbeiten.

Ob Systeme wie das genannte Work-Force-Management wirklich in der Lage sind, Verbesserungen für Mitarbeiter herbeizuführen, ist eine andere Frage. Hier wollte man jedenfalls nur einen Test machen. Wesentlich wäre daher gewesen, dass die Mitarbeiter sich beteiligen und Probleme melden. Das geschah aber nicht.

Die Mitarbeiter hatten überhört, dass es nun auf sie ankam und ihre Meinung während des Probelaufes gefragt war. Stattdessen versuchten sie, die Vorgaben der EDV in vorauseilendem Gehorsam sklavisch zu erfüllen. Bereits nach kurzer Zeit klagten sie, dass sie mittags nicht mehr zum Essen kämen und nur herumhetzten. Nach wenigen Tagen meldeten sich die ersten krank.

Die Führungskraft, die noch nicht lange an dieser Stelle arbeitete, wurde der Unmenschlichkeit beschuldigt. Alle Beteuerungen, diese Maßnahme sei anders gemeint gewesen, alles wäre zu Beginn auch erklärt worden und man sei bereit für jede Art von Änderung, besserte die Situation nicht. Die Mitarbeiter aßen weiter nichts zu Mittag, klagten über schlechte Behandlung und wurden immer häufiger krank. Der Abteilungsleiter war machtlos, denn er sah sich massivem passivem Widerstand gegenüber, der ihn zudem zum Schurken stempelte.

Natürlich entstehen solche Haltungen nicht von heute auf morgen. Mitarbeiter, denen es grundsätzlich gut geht, reagieren anders auf Veränderungen. Auch dann, wenn sie diese zunächst nicht verstehen.

Durch ihr Verhalten verhinderten die Mitarbeiter die Kommunikation. Doch das Miteinander wäre nötig gewesen, um eine für alle optimale Lösung zu erarbeiten. Vorauseilender Gehorsam und nachfolgende Selbstversklavung schufen eine Dynamik, in der es nur einen „Schuldigen" für die selbst produzierte Misere geben konnte: den Chef! Eine solche Dynamik ist wie ein Lebewesen: Es hat Kraft und eigenen Willen.

Der Chef war neu und kannte die Hintergründe nicht, er war auch nicht ausgebildet im Erkennen derartiger Zusammenhänge. Als gelernter Techniker suchte er eine direkte Lösung für ein Problem, das er rein technisch verstand. Er glaubte, dass es reichen würde, die Leute zu informieren.

Kommunikation ist aber nichts, das man in Bit messen könnte. Sie ist ein offener Prozess mit mehreren Beteiligten und einer Reihe von Unbekannten. Dieser Chef verließ sich auf reine Information und ging eine Abkürzung. Er wollte etwas Positives erreichen, kannte aber die Regeln der Kommunikation nicht. Prompt verfing er sich in ihren Netzen.

Der Weg aus dem Fliegenglas

Die hier erwähnten Krisen und Problemlagen haben gemeinsam, dass Vertrauen und Zusammenspiel nicht funktioniert haben. Kleine Ursachen wachsen sich zu riesigen Behinderungen aus. Um diese in den Griff zu bekommen, wird häufig auf Kontrolle und weitere Erhöhung von Druck gesetzt. Die Spirale aus Misstrauen, Verweigerung und gegenseitiger Demütigung kommt dadurch erst richtig ins Laufen.

Wer oder was ist schuld daran?

Wie die Beispiele zeigen, haben alle einen Anteil daran. Von Schuld kann man jedoch nicht sprechen. Der durchschnittliche Mitarbeiter versucht in der Regel, sein Bestes zu geben – seine Führungskraft auch. Dennoch ist viel Sand im Getriebe, der verhindert, dass das „Erlebnis Arbeitsplatz" dem entspricht, was sich alle wünschen.

Warum das so ist?

Die Gründe dafür sind geistesgeschichtlicher Natur. Unsere Gesellschaft hat sich im Laufe der Geschichte so sehr auf technische Lösungen konzentriert, dass jene Dinge vollkommen aus dem Fokus geraten sind, die sich technischer Planung und Kontrolle entziehen. Das geht so weit, dass man sich im wirschaftlichen Sprachgebrauch unter dem Begriff „Prozess" nur noch etwas Definierbares vorstellen kann. Etwas, das in Wenn-dann-Abläufen darstellbar ist und sich dann mechanisch abspult.

Vieles ist aber so nicht darstellbar.

Alles, was mit Leben zu tun hat, ist offen, besitzt Redundanz und unterwirft sich keinen Netzplänen. Menschen gehören zum Leben. Sie reagieren unvorhersagbar, wenn ihre Würde verletzt wird oder wenn sie unter Druck gesetzt werden.

Gängigen, an technischen Modellen orientierten Theorien der Unternehmensführung geht das Wissen darüber ab. Sie fokussieren Zahlen und mathematische Algorithmen. Solche Rechenwerke wurden geschaffen, um sich wiederholende Zusammenhänge abbilden zu können. Das funktioniert auch ganz gut, doch bei offenen Systemen, wie es das Leben nun einmal ist, versagen sie. Ganz einfach deshalb, weil sie dafür nicht gebaut sind. Es gibt hochkomplexe mathematische Modelle, die sich der Problematik offener Systeme stellen, beispielsweise die Chaostheorie. Gerade sie zeigen aber, dass Vorhersage bei offenen Systemen nur ganz kurzfristig möglich ist.

Tatsache ist, dass Unternehmen ihren Mitarbeitern und damit deren Motivation viel zu wenig Beachtung schenken. Und wenn, dann werden häufig wieder technische – oder sozialtechnische – Methoden angewandt. Mit diesen sind tiefer liegende Motivationsprobleme allerdings nicht zu bewältigen.

Ludwig Wittgenstein meinte einmal, dass es Aufgabe des Denkens sei, der Fliege den Weg aus dem Fliegenglas zu zeigen. Ähnlich wie diese arme Fliege befinden wir uns in scheinbar aussichtsloser Situation angesichts des ständig sinkenden Engagements allenthalben.

Irgendwie ist die Fliege in das Glas gekommen, also gibt es auch einen Weg hinaus. Eine Fliege findet diesen Weg aber nicht, weil sie nur das tut, was sie immer tut. Sie versucht, in gerader Richtung wegzufliegen, weil sie ihr „Denken" nicht ändern kann. Wir aber sind Menschen und in der Lage zu reflektieren. Anstatt bei zunehmender Benommenheit ständig von Neuem gegen das Glas anzufliegen, könnten wir unsere Fähigkeit zum Reflektieren und Nachdenken nutzen.

Hören wir einfach auf damit, mit immer mehr Zwangs- und Kontrollmechanismen das Leben aus der Arbeit auszutreiben und damit die Motivation immer weiter zu senken. Versuchen wir es doch einmal mit dem Gegenteil – beispielsweise mit der Steigerung des Vertrauens. Auf Vertrauen zu setzen, verlangt ein anderes Denken. Es verlangt auch eine andere Kultur – womit das Zauberwort erwähnt ist. In den Mittelpunkt der Überlegungen müssen jene Dinge gestellt werden, die Menschen wertvoll sind. Bedingungen, die sie sich wünschen und die ihrer Natur entsprechen.

Menschen konstruieren stets ihre eigene Realität, ihre Wahrnehmung und ihr Verhalten anhand ihrer sozialen

Beziehungen. Was sie dabei für wichtig und erstrebenswert
halten, bestimmen die Wertvorstellungen, die in der
umgebenden Gruppenkultur gelten. Soll sich etwas ändern, so ist
in erster Linie die Kultur zu ändern.

Die gelebte Kultur ist Medium und Gedächtnis einer Gesellschaft. Ist sie von Miteinander, Vertrauen und Stolz geprägt, löst sich die Frage der Motivation und des Engagements wie von selbst. Ist sie aber von Misstrauen und Erniedrigung geprägt, richtet sich die kollektive Kreativität auf Verteidigung und Abwehr ein.

Entscheidend für das Gelingen der Verbesserung einer bestehenden Organisationskultur sind Orientierung, Führungsverständnis und Verantwortungsbewusstsein der Führungsmannschaft. Wie einige Beispiele zeigen, ist das nicht in jedem Unternehmen selbstverständlich. Hier muss zuerst angesetzt werden, wenn sich das Miteinander verbessern soll.

Kultur kann verändert werden!

Das ist eine lösbare und notwendige Aufgabe. Sie ist der entscheidende Faktor, wenn es darum geht, erfolgreicher zu sein als andere. Sie macht die Besonderheit von Gruppen und Unternehmen aus und gibt den dazugehörigen Individuen Sinn.

Ziel muss es also sein, eine Organisationskultur zu schaffen, welche die nötige Kraft entwickelt, um die Energien aller Beteiligten bündeln und ausrichten zu können. Welche Elemente dazu notwendig sind, wurde bereits im ersten Kapitel beschrieben.

Der wichtigste Schritt auf diesem Weg ist es, sich klarzumachen, dass Geschäfte nicht zwischen Unternehmen getätigt werden, sondern zwischen Menschen im Namen von Unternehmen, sagt Peer-Arne Böttcher, Geschäftsführer des Business Club Hamburg. „Jeder Versuch, den Menschen aus einem Deal herauszuhalten, führt dazu, dass er durch die Hintertür wieder hereinkommt."

III. Die Kosten der Demotivation

Eigentlich wissen doch alle, was am Arbeitsplatz notwendig wäre: positive Gefühle, das Erleben von Gemeinsamkeit und die Erfahrung von Solidarität. Die Neurophysiologie bestätigt die Bedeutung dieser Wünsche mit naturwissenschaftlicher Genauigkeit. Sie sagt, das Eingehen auf menschliche Grundbedürfnisse sei motivations- und leistungsfördernd, es würde Stress kompensieren und Krankenstände wirksam senken.

Wo Finanzüberlegungen die einzigen Entscheidungskriterien sind, da erstickt das Leben. Ist es erst einmal so weit, zerstört sich dieses System selbst, denn auch die Finanzen leben vom Leben!

Finanzziele wirken hypnotisch, weil ihre Diagramme und Modelle auf logischer Plausibilität aufbauen. Nur scheitern sie, wenn sie mit echtem Leben in Berührung kommen. Dann beginnen die prognostizierten Zahlen aus dem Ruder zu laufen.

Schnell wird den Angestellten und ihrer mangelnden Motivation die Schuld zugeschrieben. In der Folge gibt es Seminare zur Konfliktbewältigung, zur Verbesserung der Kommunikation und zur Steigerung der Motivation – oder gleich ein Reorganisationsprogramm, um Synergien besser zu nutzen. All diese Maßnahmen gehen jedoch an der Ursache vorbei und schaffen höchstens noch mehr Unruhe. Zurück bleiben verstörte Angestellte, die überhaupt nicht mehr wissen, was von ihnen gewollt wird. In aller Regel vermuten sie, dass sie Dinge tun sollen, die sie nicht verstehen können.

Aus der eingeschränkten Perspektive von Controllern mag es richtig erscheinen, Zahlen auf diese Weise schnellstens in eine Ordnung bringen zu wollen. Vor dem Hintergrund der menschlichen Psyche bedeuten diese Maßnahmen jedoch nicht die Lösung des Problems, sondern dessen maximale Steigerung.

In der Betriebswirtschaftslehre vergangener Jahrzehnte kamen Emotionen kaum vor. Ihre Bedeutung wurde angesichts der Orientierung an Gewinn, Kosteneinsparung und Börsenkursen einfach vergessen. Für die sogenannten „weichen Faktoren" gab es keine Kostenstellen. Sie entgingen deshalb der Wahrnehmung des Controllings.

In der Praxis gibt es jedoch kaum einen Bereich, der so dicht am Leben angesiedelt ist wie die Wirtschaft. Alles, was Menschen ausmacht und bewegt, ist deshalb von entscheidender ökonomischer Bedeutung.

Erfolgsbremse Angst

Diese Zusammenhänge wurden einfach übersehen, bis 1996 das Buch „Kostenfaktor Angst" erschien. Initiator dieser Arbeit war der Diplomkaufmann und Soziologe Winfried Panse. Er war viele Jahre lang Personalleiter in einem amerikanischen Großunternehmen gewesen und wollte zunächst nur seine persönlichen Erlebnisse aufschreiben.

Panse war inzwischen Professor für Betriebswirtschaft an der FH Köln geworden und näherte sich dem Thema wissenschaftlich. Er gewann seinen ehemaligen Studenten Wolfgang Stegmann, ebenfalls Betriebswirt, für das gemeinsame Projekt. So machten sich die beiden Ökonomen auf, die übermächtigen Controller mit ihren eigenen Waffen zu schlagen, wie sie sagen.

Zunächst hörten sie von den Vorstandsvorsitzenden führender deutscher Industrieunternehmen Sätze, wie „Angst ist ein Wort, das ich nicht kenne!" oder „Die Angstproblematik hat nichts mit der betrieblichen Praxis zu tun". Manche meinten auch: „Bei dem vielen Geld, das meine Manager verdienen, können sie sich Angst nicht leisten!"

In der darauffolgenden Untersuchung entdeckten Panse und Stegmann, dass Angst in der deutschen Wirtschaft pro Jahr Kosten von 100 Milliarden DM verursacht. Existenzängste, soziale Ängste sowie Leistungs- und Versagensängste türmten diese ungeheure Summe auf. Seit damals wird eine Langzeituntersuchung durchgeführt. Allein zwischen 1998 und 2006, also in nur acht Jahren, verdoppelte sich die Summe auf 100 Milliarden Euro!

Ängste und ihre Folgen werden von der Betriebswirtschaft kaum gesehen, weil sie nicht nur in der Gewinn- und Verlustrechnung nicht aufgeführt sind, sondern auch als dem privaten Umfeld des Mitarbeiters und seiner Persönlichkeitsstruktur zugehörig angesehen werden. Zuständig sind deshalb – so die verbreitete Ansicht – Ärzte und Psychologen, nicht Betriebswirte und Controller.

Aus diesen Grundannahmen speist sich die strukturelle Blindheit ökonomischer Disziplinen für sozialökonomische Wechselwirkungen und Resonanzphänomene. Dabei ist zu bedenken, dass die genannte Summe sich nur auf die sichtbarsten Folgen bezieht, von Krankenständen bis hin zum Ansteigen von Suchtverhalten.

Als Grundangst konnte der Verlust von Wertschätzung und Anerkennung, also Elemente der Zugehörigkeit, identifiziert werden. Unzufriedene Mitarbeiter werden durch falsche Führung erzeugt, so die tiefe Überzeugung der Autoren. Dieselben Ängste fanden sie auch bei Führungskräften. Diese würden die Mitarbeiter mit ihrer Furcht anstecken, was wiederum zu mehr Widerstand führe, und so fort.

Das sei der Grund für das Scheitern so unglaublich vieler Change-Prozesse, erklärte Winfried Panse in einem Interview mit der „Wirtschaftswoche". Die meisten Menschen würden in den Unternehmen einfach nicht auf Veränderungen vorbereitet. Konzepte würden allenfalls verkündet, die Menschen aber mit diesen Informationen sich selbst überlassen.

Natürliche Unruhe und Ängste als Reaktion auf solche Situationen würden als Störfaktoren und persönliche Defekte der Mitarbeiter betrachtet. Als Hindernisse bei der Herstellung der schönen neuen Welt würden sie bekämpft. Die beunruhigten und verängstigten Menschen selbst würden nur sehr selten ernst genommen.

Nicht schlechte Strukturen, sondern der Mangel an Aufmerksamkeit ist es vor allem, der das Arbeitsleben schwierig macht. Auch Kunden verlassen ein Geschäft, wenn sie von nicht ernst genommenen Angestellten ihrerseits nicht ernst genommen und wertgeschätzt werden.

Es sind stets Emotionen, so Panse, die den Kern vieler Probleme im innerbetrieblichen Bereich, aber auch bei Kundenkontakten ausmachen.

Angst behindert Denken und Kreativität. Sie ist der größte Störfaktor für den reibungslosen Ablauf von Geschäften. Denn wer Angst hat, denkt vor allem an seine Angst. Nichts füllt zerebrale Arbeitsspeicher stärker an als jene Ängste, die typischerweise am Arbeitsplatz auftreten.

Eine der repräsentativen Untersuchungen zu dem Thema stammt vom IT-Beratungsunternehmen „Double Loop". Eine weltweite Recherche ergab, dass im IT-Bereich nur 32 Prozent aller Projekte funktionieren, während 44 Prozent das Budget sprengen und 24 Prozent vorzeitig beendet werden müssen.

Die Zahlen des Scheiterns von Projekten variieren etwas. Sie liegen, je nach Untersuchung und Gegenstand, zwischen 70 und 90 Prozent. Sogar Mike Hammer, einer der Erfinder des Business-Reengineering, gab in Radiointerviews zu, dass bis zu 90 Prozent der begonnenen Prozesse scheiterten. Auf die genaue Zahl kommt es nicht an, denn die Quote des Scheiterns bedeutet in jedem Fall Verschwendung von erheblichen Summen.

Die Statistik der betrieblichen Klimakatastrophe

Die Folgen emotionaler Dissonanzen im Betrieb lassen sich nachweisen. Hier ist vor allem das Langzeitprogramm des Gallup-Institutes zu erwähnen. Seit 2001 stellt Gallup den „Engagement Index" zusammen, der die emotionale Bindung von Mitarbeitern in Unternehmen untersucht.

Für das Jahr 2012 kam heraus, dass 86 Prozent der deutschen Arbeitnehmer sich nicht mehr mit ihrem Unternehmen identifizieren. Das heißt, dass nur rund ein Mitarbeiter von zehn bereit ist, sich freiwillig für das Unternehmen und dessen Ziele einzusetzen. Auf diesen Prozentsatz kommen auch Panse und Stegmann, nur haben sie einen etwas anderen Fokus. Sie fanden heraus, dass neun von zehn Angestellten unter betrieblichen Ängsten leiden – mit den oben erwähnten Folgen.

Während der Anteil der Motivierten in der Gallup-Studie etwa gleich geblieben ist, sank der Anteil jener, die nur Dienst nach Vorschrift machen, seit 2001 um neun Punkte auf 61 Prozent. Im gleichen Umfang, nämlich auf 24 Prozent, ist in diesem Zeitraum der Anteil derjenigen gewachsen, die vollkommen demotiviert sind und innerlich gekündigt haben. Sie gelten als „aktiv unengagiert". Für Österreich und die Schweiz weist die Studie etwas bessere Relationen aus, die immer noch bedenklich genug sind. So fanden sich in Österreich „nur" 19 Prozent Demotivierte und in der Schweiz 22 Prozent – auch das kein Grund zum Jubeln.

Man fragt sich unwillkürlich: Was ist los in den Führungsetagen, in denen man so gerne ein Bild von besonderer Rationalität und Sachlichkeit pflegt? Auch in der Wirtschaft gilt der legendäre Sager von Peer Steinbrück: „Wer hinter dem Steuer sitzt, trägt die Verantwortung – und zwar egal, ob er wach oder eingepennt ist."

Dennoch wäre es vollkommen falsch, den Chefs einfach die Schuld an dieser Situation anzulasten und zu glauben, dass mit diesem Hinweis das Problem erledigt sei. Viele Chefs klagen, dass ihre Bemühungen an Mitarbeitern scheitern, die vorab die Karotte verlangen, bevor sie überhaupt den Gedanken an Bewegung ins Auge fassen.

Es wäre überhaupt verkehrt, hier von Schuld zu sprechen. Wie schon erwähnt, ist diese Situation die Folge einer geistesgeschichtlichen Entwicklung. Diese hat ihre Zeit gehabt und ist von der Geschichte überholt worden. Nun gilt es, das Denken zu ändern und an einem anderen Punkt anzusetzen. Dafür sind Führungskräfte verantwortlich. Sie müssen eine positive Veränderung wirklich wollen und sich ernsthaft dafür einsetzen. Verantwortlich zu sein dafür, dass sich jetzt der Blick nach vorne richtet, ist eine ehrenvolle und sinnstiftende Führungsaufgabe. Mit dem Wühlen im Schlamm der Vergangenheit ist hingegen niemandem gedient.

Auch Marco Nink, der Leiter der Studie von Gallup, stellt fest, dass es unsinnig wäre, Unternehmer und Manager zu schelten. Es sei nun einmal eine Tatsache, dass innere Kündigung stets auf schlechte Führung des Personals zurückzuführen sei. Viele Vorgesetzte würden den wichtigsten Faktoren – den erwähnten „weichen Elementen" oder „Soft Facts" – viel zu wenig Aufmerksamkeit schenken.

Auf der anderen Seite wird Führungskräften nur sehr selten ein geeigneter Spiegel vorgehalten, an dem sie sich orientieren könnten. Am seltensten ist ehrliches positives Feedback. Von den Mitarbeitern ist das kaum zu erwarten und nur wenige Berater bekennen sich ohne Mentalreservation dazu.

Ich wundere mich oft, wie wenig und wie selektiv Mitarbeitern zugehört wird. Dabei sind gerade jene, welche die Arbeit wirklich verrichten oder den unmittelbaren Kontakt zum Kunden haben, die wahren Experten für Verbesserungen. Nimmt man sich etwas Zeit und Ruhe und hört nur ein wenig hin, sprudeln sie in aller Regel über vor Ideen, Vorschlägen und Kreativität.

Wenn die Aufmerksamkeit eines Unternehmens ausschließlich auf der Maximierung von Profit liegt, bleibt keine Zeit zum Zuhören. Die Mitglieder der Teams lesen darin einen Mangel an Loyalität des Unternehmens ihnen gegenüber. Frustration und Angst steigen, und im gleichen Ausmaß, in dem Desillusionierung zunimmt, nehmen Kreativität und Motivation ab.

Marco Nink sagt dazu klar und deutlich, dass zwar viele Führungskräfte sich im Glauben wiegen würden, ausreichend zu loben, ihre Teams das aber anders sähen. Diese Täuschung verhindert, dass rechtzeitig erkannt wird, was die Statistik zutage fördert: 18 Prozent der deutschen

Arbeitnehmer können auch in der Freizeit nicht mehr abschalten und denken Tag und Nacht an berufliche Probleme. Mittelfristig können Erschöpfungssyndrome dabei nicht ausbleiben.

Viele Mitarbeiter interessieren sich bereits ab Sonntagabend nur noch dafür, wann das nächste Wochenende beginnt. Was für eine Verschwendung von Arbeitskraft und Lebensenergie! Diese Haltung stellt eine echte Gefahr für Unternehmen dar. Denn Menschen, die so denken, leisten nicht nur selbst wenig, sondern stecken auch andere mit ihrer Mutlosigkeit an.

Wirklich etwas getan werden kann nur, wenn genuine Führungsverantwortung wirklich wahrgenommen wird und sich nicht auf die Produktion von Zahlen beschränkt. Schon das deutsche Wort „Führung" gibt einen Hinweis. Es bedeutet, Menschen zu leiten, ihnen Orientierung und eine Zukunftsperspektive zu geben.

> *Gesellschaft ist ein arbeitsteiliges System und Führung heißt, den Menschen einen Grund zu geben, hier zu sein. Führung bedeutet deshalb die Sicherheit, die richtige Wahl getroffen zu haben und das erlebbar zu machen.*

Das beinhaltet nicht nur die materiellen, sondern auch die psychischen und sozialen Voraussetzungen dafür. Nur dort, wo das als Führungsaufgabe erkannt und für Mitarbeiter sinnlich erfahrbar wird, wird sich mehr als ein Zehntel der Mitarbeiter mit dem Unternehmen und seinen Zielen identifizieren können.

Der Tritt in den Hintern hingegen verleidet jedem Angestellten treffsicher jede Freude. Wer als Unternehmer, Manager oder sonstiger Vorgesetzter seine Leute schlecht behandelt, vergiftet das Betriebsklima und schadet sich selbst. Er muss mehr Kraft aufwenden und dennoch wird am Ende die Produktivität sinken. Hinzu kommen reale Kosten. Allein die Krankenstandstage, die aus Unlust entstehen, belasten die deutschen Betriebe mit 18 Milliarden Euro pro Jahr.

Geld, Komfort, Status und Titel sind ein ungeeigneter Ersatz für Zufriedenheit und Gemeinsamkeit, kosten aber viel Geld. Hinzu kommt, dass emotional abgekoppelte Mitarbeiter, die sich über Surrogate definieren, viel eher zum Arbeitgeberwechsel bereit sind. Zufriedenheit und Begeisterung der Mitarbeiter sind keine käufliche Handelsware – man muss sie anders gewinnen!

Die Kosten der Enttäuschung

Werfen wir nun einen kurzen Blick auf die Kosten, die durch Mangel an Antriebskraft entstehen. Zu diesem Thema gibt es verschiedene Untersuchungen, die sich etwas in der gewählten Perspektive unterscheiden. In zwei Dingen sind sie allerdings ähnlich: Zum einen weisen sie enorme Summen aus, zum anderen stimmen sie in der Grundaussage überein, dass vorhandenes Kapital nicht genutzt, sondern gedankenlos verschleudert wird.

Winfried Panse und Wolfgang Stegmann haben die Folgekosten der arbeitsbezogenen Ängste in Deutschland mit etwa 100 Milliarden Euro beziffert. Diese Kosten teilen sich folgendermaßen auf:

Fluktuation	8,2 Mrd €
Innere Kündigung im engeren Sinne	34,8 Mrd €
Angstbedingter Konsum von Medikamenten	9,7 Mrd €
Alkoholkonsum	25,5 Mrd €
Mobbing	15,3 Mrd €
Durch Angst verursachte Fehlzeiten	9,2 Mrd €

Nicht in diese Untersuchung eingegangen sind Kosten, die durch weitere Folgewirkungen entstehen, etwa dadurch, dass Gefühle sich in Gruppen sehr schnell verbreiten und allgemeine Sorglosigkeit, vorzeitigen Materialverschleiß und Unfälle verursachen. Negative Gefühle sind immer schneller als positive, sie verbreiten sich mit rasender Geschwindigkeit im gesamten Sozialsystem. Sozialpsychologisch dürfte das an unserer stammesgeschichtlichen Ausstattung liegen.

Wir sind soziale Wesen und für solche ist es wichtig, bei Gefahr möglichst schnell gewarnt zu werden. Gute Nachrichten sind wesentlich träger und ihr Verbreitungsradius ist viel geringer. Wer sich schlecht fühlt, steckt seine Umgebung sehr leicht an.

Während ein Zufriedener seine Erfahrung durchschnittlich mit rund drei Personen teilt, spricht ein Unzufriedener mit bis zu vierzig Menschen über seine negativen Erlebnisse. Jeder von diesen erzählt es weiteren elf Personen und so weiter. Schnell summiert sich das auf Hunderte Menschen, in deren Kopf sich nun Warnprogramme aktivieren. Dieser virale Effekt ist in der Lage, persönliche und unternehmerische Reputation nachhaltig zu zerstören. Der Philosoph und Soziologe Max Scheler nannte das bereits 1923 „Gefühlsansteckung". Die Wege dieser Ansteckung sind vielfältig.

Seit der Entdeckung der Spiegelneuronen durch Giacomo Rizzolatti wissen wir, dass diese Neuronen automatisch reagieren und vom Bewusstsein kaum gesteuert werden können. Sie bewirken, dass uns der Anblick eines Menschen, der in eine Zitrone beißt, das Wasser im Mund zusammenlaufen lässt. Sie sind auch für die Ansteckung der Gefühle verantwortlich.

Es bedarf keiner großen Vorstellungskraft, um zu sehen, was negative Stimmungen, die sich durch Ansteckung verbreiten, bei Kollegen, Kunden und Geschäftspartnern anrichten – und dass hier weitere Kosten in ungeahnter Höhe entstehen können. Laut Gallup beläuft sich allein der Schaden durch Produktivitätseinbußen, die von mangelndem Engagement verursacht werden, auf 112 bis 138 Milliarden Euro. Werden virale Effekte hinzugerechnet, kann ein Vielfaches dieser Schadenssumme entstehen.

Um sich besser vorstellen zu können, was diese trockenen Prozentsätze in echtem Geld bedeuten, ziehen wir den aus dieser Studie stammenden durchschnittlichen Schaden heran, der den Unternehmen entsteht. So belastet ein Mitarbeiter in mäßiger Motivation seinen Arbeitgeber mit 6.500 Euro pro Jahr, ein Nicht-Motivierter sogar mit 11.500 Euro. Gehen wir der rechnerischen Einfachheit halber von 10.000 Mitarbeitern aus.

Gesamtzahl der Mitarbeiter	10.000		
	Engagiert	Nicht engagiert	Innerlich gekündigt
Prozentsatz der Mitarbeiter	15 %	61 %	24 %
Unternehmerischer Schaden in Euro pro Mitarbeiter	0	– 6.500	– 11.500

Gehen wir nun von einem Unternehmen mit 10.000 Mitarbeitern aus und errechnen den kalkulatorischen Schaden für ein Unternehmen mit durchschnittlicher Verteilung des Engagements:

	Engagiert	Nicht engagiert	Innerlich gekündigt
Prozentsatz der Mitarbeiter nach Engagement	15 %	61 %	24 %
Anzahl der Mitarbeiter absolut	1.200	6.100	2.400
Schaden für das Unternehmen in Euro pro Mitarbeiter	0	– 6.500	– 11.500
Schaden durch Demotivation in Euro	0	– 39.650.000	– 27.600.000
Unternehmerischer Gesamtschaden in Euro	– 67.250.000		

Die Summe des unternehmerischen Gesamtschadens stellt gleichzeitig den Optimierungsraum dar. Das Potenzial zur Optimierung des Gewinns beträgt somit 67,25 Millionen Euro. In diesem Ausmaß zahlen sich Investitionen in die Motivation von Mitarbeitern aus. Bereits eine bescheidene Verbesserung von insgesamt 20 Prozent wäre in der Lage, den Schaden für die Produktivität um 13,5 Millionen Euro zu reduzieren!

Gesamtzahl der Mitarbeiter	10.000		
	Engagiert	Nicht engagiert	Innerlich gekündigt

Prozentsatz der Mitarbeiter nach Engagement	15 %	61 %	24 %
Anzahl der Mitarbeiter absolut	1.500	6.100	2.400
Schaden für das Unternehmen in Euro pro Mitarbeiter	0	−6.500	−11.500
Schaden durch Demotivation in Euro	0	−39.650.000	−27.600.000
Unternehmerischer Gesamtschaden in Euro	−67.250.000		
Verbesserung der Motivation um 20 Prozent	+13.450.000		
Verbleibendes Potenzial zur weiteren Gewinnoptimierung	−53.800.000		

Auch bei einem kleineren Unternehmen von einhundert Mitarbeitern entsteht somit immerhin ein versteckter Schaden von durchschnittlich € 672.500. Auch das ist ein beachtliches Potenzial zur Optimierung. Um nachhaltige Verbesserungen erzielen zu können, genügt es jedoch nicht, einige kosmetische Programme aufzusetzen, wie beispielsweise Trainings zur Motivation oder Kommunikation.

Restrukturierungen oder andere strukturelle Anpassungen, um den Ablauf „flüssiger" zu machen, bergen zudem die Gefahr weiterer Beunruhigungen. Außerdem greifen sie auf den falschen Punkt zu, denn nur selten liegt der Niedergang des Engagements an der Struktur.

Trainingsformate sind gute Interventionen, wenn es darum geht, rationale Einsichten zu entwickeln. Auch bei der Wissensvermittlung haben sie ihren Sinn. Bei Workshops wiederum geht es darum, konkrete Aufgaben zu lösen oder Wege zu finden. Beide setzen ein gewisses Bewusstsein eines Problems voraus, und beide setzen auch beim Verhalten an.

Einem desillusionierten Menschen ist das eigentliche Problem kaum bewusst. Die Erfahrung zeigt, dass es deshalb auch nur schwer möglich ist, den entscheidenden Punkt auf der Ebene des Bewusstseins zu erreichen.

Desillusionierte Menschen haben kein Verhaltensproblem,
sondern ein Sinndefizit. Aus Sicht ihrer Psyche sind ihre
defensiven oder aggressiven Reaktionen gesunde Antworten auf
ungesunde Verhältnisse.

Diese Fähigkeit ist naturgegeben und dient dem Schutz des Individuums. Sind die Umstände ungünstig, so suchen Menschen immer nach Lösungen, die psychisches oder physisches Überleben ermöglichen. Stimmen die Verhältnisse in einem Unternehmen nicht, gibt es demotivierende Zustände. Diese verletzen vielleicht die Persönlichkeit oder es geht sogar der Lebenssinn verloren, weil niemand mehr weiß, wozu er eigentlich immer mehr Leistung erbringen soll. Dann gehört der Rückzug aus psychologischer Sicht zu den gesunden Reaktionsmustern.

In Fragen tief greifender Motivationsstörungen bleiben Trainings, Workshops oder Strukturveränderungen deshalb nahezu wirkungslos, weil sie die bestehenden Verhältnisse nicht verändern. Sie können nicht nachhaltig wirken, weil ihnen vielfach ein mechanistisches Denken zugrunde liegt: Der Motor springt nicht an, also wechselt man die Zündkerzen.

Menschen oder Teams sind nicht dazu konstruiert, um rund zu laufen. Es wirkt etwas paradox, aber gerade das Unrunde, die Redundanz und die Verschiedenheit sichern jeder Spezies das Überleben. Eine Art kann sich nur dann anpassen, wenn sich der Rahmen ändert.

Der Mensch ist von der Natur entwickelt worden, nicht von einem Techniker. Von ihr stammen die Aufgaben, die sie dem Menschen wie allen anderen Lebensformen mitgegeben hat. Diese Aufgaben bestehen – auf einen einfachen Nenner gebracht – darin, zu überleben und zu gedeihen. Ist das gefährdet, reagieren Lebewesen mit Flucht, Angriff oder Starre. Alles andere ist der Natur nachrangig. Nichts anderes ist aus den genannten Erlebnissen aus Unternehmen, aus den Statistiken oder auch aus dem Rechenbeispiel zu lesen.

Aus der Sicht der Natur sind Widerstände und das Zurückfahren
eingesetzter Energie eine durchaus gesunde Reaktion, wenn ein

Lebewesen die Möglichkeit verliert, auf sich selbst zu achten und zu gedeihen.

Um an diesem Desaster der Motivation etwas ändern zu können, müssen zuallererst diese Grundgegebenheiten verstanden und berücksichtigt werden. Negiert man sie und weist ihnen die Tür, so kommen sie durch das Fenster zurück. Der Schlaf der Vernunft gebiert immer schreckliche Ungeheuer.

Es geht nicht bloß um Verhalten und äußerliche Gewohnheiten. Die Ursachen liegen tiefer: Ihnen liegen Haltungen zugrunde. Soll also nachhaltig etwas verbessert werden, muss es gelingen, dass Mitarbeiter und Führungskräfte miteinander verbunden sind, dass sie vertrauensvoll an einem Strang ziehen und sich mit vereinten Kräften für Ideen und Ziele engagieren.

Es geht darum, gemeinsam innovativ sein zu können. Das heißt, in der Lage zu sein, auf Veränderungen der Umwelt schnell und adäquat zu reagieren. Für Unternehmen ist es zudem von entscheidender Bedeutung, dass sich diese Innovationskraft koordinieren lässt und sich alle Kräfte auf den Erfolg des Betriebes konzentrieren.

Und es geht auch darum, das Image eines Unternehmens hochzuhalten und weiterzuentwickeln. Schließlich steht die Bindung von Kunden und nicht zuletzt auch die Attraktivität des Unternehmens als Arbeitgeber auf dem Spiel!

Identifikation ist die beste Motivation

Betriebswirtschaftlich muss ein Unternehmen seine Kosten für Produktion oder Dienstleistung niedrig halten. Dafür sind Arbeitsabläufe kontinuierlich zu adaptieren und zu optimieren, was natürlich Aufwand bedeutet. Es ist aber auch richtig, dass es hier keine Abkürzung gibt, denn Menschen und Gruppen sind immer variabel in ihren möglichen Reaktionen. Sie zu stark zu kanalisieren, bedeutet, sie zu erstarren.

Kanalisierung erleichtert zwar das Dirigieren, kostet aber auch Reaktionsfähigkeit, Schnelligkeit und Dynamik. In einer Welt, die sich ändert, und unter dynamischen Rahmenbedingungen ist das nicht wünschenswert.

Unternehmen brauchen die Bereitschaft der Mitarbeiter, selbst etwas zu überlegen und im Sinne des Unternehmens neue Wege zu entwickeln. Ihre Motivation und ihr Engagement lassen sich nicht mit Geld, Komfort oder Status kaufen. Es gilt, diese Bereitschaft zu gewinnen und zu pflegen. Das ist die Aufgabe wohlverstandener Führung!

Für Geld, das man Mitarbeitern bezahlt, kann ein Unternehmen genau genommen nur Arbeitszeit und spezifische Fachkenntnisse einkaufen. Das kann ein Gesellenbrief als Automechaniker sein oder ein absolviertes Studium. Davon allein hat ein Betrieb jedoch nichts.

Beides ist wichtig, macht aber noch keinen unternehmerischen Erfolg aus. Dieser stellt sich erst ein, wenn die Beschäftigten auch Begeisterung entwickeln und diese in Engagement, Loyalität, Leistungswillen, Kreativität und Innovationswillen übersetzen.

Es ist wichtig zu verstehen, dass diese für jedes Unternehmen unerlässlichen Haltungen stets im Eigentum der Individuen verbleiben. Sie sind nicht käuflich zu erwerben, wie Hans Haumer, ehemaliger Bankdirektor und Mitglied des Verwaltungsrats der BIL GT Gruppe AG in Vaduz, schreibt. Aufgabe des Unternehmens ist es deshalb, diese Haltungen zu ermöglichen und zu fördern.

Dazu braucht es nicht einfach nur Management oder Verwaltung, sondern unternehmerische Führung. Es ist unabdingbar, eine Idee zu verfolgen, nicht nur geschäftlich, sondern auch über die Art, wie das Zusammenleben gestaltet sein soll. Wie das Miteinander aussehen sollte, ist nicht schwer herauszufinden. Bereits zu Beginn dieses Buches habe ich darauf hingewiesen, dass alle Menschen sehr ähnliche Wünsche für ihre Arbeitssituation haben – unabhängig von Hierarchie, Bildung oder

Geschlecht. Zu genau denselben Ergebnissen kommt übrigens auch die Studie von Gallup.

Es geht darum, die Mitarbeiter fühlen zu lassen, dass sie Teil von etwas Größerem, Erstrebenswertem sind. Sie müssen stolz darauf sein können, dazuzugehören. Und sie müssen sich bereits am Sonntagabend auf den Montagmorgen freuen, jede Woche wieder. Führungsarbeit bedeutet, das strategisch zu planen und gezielte Kommunikationsarchitekturen zu entwickeln, die begeistern können. Die Voraussetzung dafür ist, dass das Unternehmen definiert, was es zu etwas Besonderem und Wunderbarem macht.

Kalenderblätter mit Motivationssprüchen im Eingangsbereich werden das ebenso wenig erreichen wie raffinierte PR-Maßnahmen. Das Besondere muss gelebt und jeden Tag vorgelebt werden, und die Führungskräfte müssen darin vorausgehen. Wenn sie selbst begeistert sind, dann können sie auch die Mitarbeiter anstecken. Das ist die positive Seite der „Gefühlsansteckung".

Was es dafür braucht, ist ein Corporate Spirit-Programm, das den gemeinsamen Geist eines Unternehmens auf den Punkt bringt. In Wahrheit geht es darum, aus einem Unternehmen eine Art Glaubensgemeinschaft zu machen, die sich mit Überzeugung und Begeisterung für gemeinsame Ziele einsetzt.

Worum es sich dabei wirklich handelt, worauf zu achten ist und was man tun kann, um den Weg in die Richtung gemeinsamer Begeisterung zu beschreiten, erfahren Sie in den folgenden Kapiteln.

Teil 2:
Die Basis der Veränderung

IV. Der Quellcode der Begeisterung

Es ist verrückt: Jeder wüsste, wie es sein sollte, und doch schaffen wir es nicht! Die meisten Führungskräfte stimmen darin überein, dass in der Kultur der Organisation verankertes Vertrauen einer der kritischsten Faktoren für den Erfolg eines Unternehmens ist. Dennoch wird viel zu wenig getan, um das Vertrauen zu fördern. Stattdessen werden immer raffiniertere Kontrollen entwickelt, die genau dieses Vertrauen wieder zerstören. Die langjährige Erfahrung bestätigt, dass es nicht in erster Linie Menschen sind, die dafür verantwortlich sind, sondern ihre Ideen!

Worauf soll man sich als Führungskraft konzentrieren? Es ist an so vieles zu denken, so vieles gleichzeitig zu erledigen, dass man Kopfschmerzen davon bekommt. Der Rückzug auf bekannte Methoden ist daher verständlich, doch wenig hilfreich. Ich bin der Überzeugung, dass vieles einfacher wäre, begänne man noch einmal von vorne zu denken. Ganz von vorne.

Was ist Menschen überhaupt möglich? Das ist die wichtigste aller Fragen. Auf welchem Fundament stehen wir als Menschen überhaupt und was ist unsere stammesgeschichtliche Ausstattung?

Erst wenn das beantwortet ist, wird es möglich sein, Programme so zu implementieren, dass sie wirken und lang dauernde Effekte erzielen. Nachhaltiger Erfolg wird sich erst einstellen, wenn nicht nur die Ausstattung, sondern auch die Geschichtlichkeit menschlichen Verhaltens und kultureller Normen ausreichend gewürdigt werden und Eingang in Überlegungen der Führung finden.

Was also ist der Quellcode des Vertrauens und der Begeisterung?

Eierlegende Wollmilchsäue und Wolpertinger

Neueste naturwissenschaftliche Forschungen belegen drei Dimensionen, die zu beachten sind. Keine stand bisher im Fokus des Führungsbewusstseins, obwohl bereits kleine Änderungen in der Wahrnehmung von Führungsverantwortung große Wirkungen erzeugen könnten.

Diese drei Dimensionen beziehen sich allesamt auf die natürliche Grundausstattung, die uns von der Natur mitgegeben worden ist.

   a. *Die Natur gibt den Handlungsspielraum vor.* Wie alles Leben unterliegt auch der Mensch den Weisungen seiner ursprünglichsten Auftraggeberin, der Natur.
   b. *Gefühle sind die Basis unseres Verhaltens.* Beobachtbare Reaktionen sind das Ergebnis eines komplexen Wechselspiels zwischen Biologie und Psychologie.
   c. *Die Kultur einer Organisation ist das Rückgrat jeder Veränderung.* Sie definiert gemeinsame Werte und begrenzt damit den Strom der möglichen Wahrnehmungen und Handlungen. Sie ist entscheidend für Akzeptanz oder Ablehnung von Führungsimpulsen.

Die Missachtung dieser drei Größen führt zu jener Situation, die der Engagement-Index und die Untersuchung über die Kosten der Angst in Unternehmen beschreiben. In der Ausbildung kommen sie jedoch bisher kaum vor, dort haben technische und sozialtechnische Modelle den Vorrang.

Dabei wäre es eigentlich sehr einfach. Man müsste nur überlegen, welches Gefühl man selbst hätte, wäre man in der Situation des anderen. Uralte Weisheitssprüche beschreiben das, so etwa das Gebot, immer ein Stück weit „in den Schuhen des anderen" zu gehen.

Eine Verbesserung der Situation ist möglich, wenn die drei genannten Dimensionen beachtet werden. Voraussetzung dafür ist allerdings eine Veränderung im Fokus der Wahrnehmung von Führungsaufgaben. Die menschliche Freiheit der Wahl wird dadurch nicht berührt. Man muss nur verstehen, dass sie etwas anders gelagert ist, als bisher angenommen.

Durch Beachtung natürlicher Voraussetzungen gewinnen Führungskräfte einen größeren Spielraum in der Wahl ihrer Mittel. Aber auch bei Mitarbeitern erhöht sich der Freiraum, wenn ihnen die Möglichkeit geboten würde, Unternehmensbedürfnisse mit ihren natürlichen Grundbedürfnissen zur Deckung zu bringen.

Die verbreitete Missachtung dieser Grundlagen ist nicht nur an der Unzufriedenheit und am Widerstand vieler Mitarbeiter abzulesen, sondern auch an den Klagen von Führungskräften.

„Ich habe immer wieder das Gefühl abzustürzen. Es ist, als ob mir im Flug eine Tragfläche wegbricht", vertraute mir der Geschäftsführer eines Produktionsunternehmens für Büromöbel an. „Die Anstrengungen, die wir als Führungskräfte unternehmen, und die Belastungen, denen wir ausgesetzt sind, nehmen ständig zu. Es scheint, als ob die Wirkung meiner Bemühungen trotzdem immer kleiner wird!" Andere verwenden das Bild des Ruderers, der nicht von der Stelle kommt. Wieder andere beklagen sich über die Unfähigkeit ihrer Mitarbeiter.

Böse Worte von „Leistungsträgern" und „Minderleistern" machen die Runde, wenn die vorhandenen Handlungsalternativen aufgebraucht sind und Schuldige gesucht werden. Sind erst einmal gegenseitige Beschuldigungen das hauptsächliche Reaktionsmodell, entsteht ein Klima, in dem nur der Anschein von Tätigkeit erweckt wird. In Wahrheit bewegen sich Leistung und Engagement gefährlich schnell auf die Absturzkante zu.

In dieser Situation den Druck zu erhöhen und ein „Gefühl der Dringlichkeit" – eine in den 1990er-Jahren beliebte Umschreibung für Erzeugung von Angst – aufkommen zu lassen, verschärft die Situation. Ebenso wie die systematische Verlagerung von Führungsverantwortung nach unten.

Kürzlich sprachen mich Abteilungsleiter eines internationalen Konzerns an. Sie kannten sich nicht mehr aus. Man verlangte von ihnen Eigenverantwortung und Engagement, legten sie jedoch Ideen vor, sahen die Vorstände nur auf Zahlen. Sobald auch nur geringe Investitionen notwendig waren, hörten die Vorstände nicht mehr zu und warfen den Abteilungsleitern Unprofessionalität vor. Es ist eine natürliche Reaktion, dass im nächsten Moment jedes Engagement zu Eis gefror. Ein Abteilungsleiter, der nicht mehr mitdenkt, erspart sich zumindest Beleidigungen und Zurechtweisungen.

Solche Szenarien vernichten unglaublich viel Kraft und Energie in Organisationen. Unsummen werden verschleudert, Engagement und Loyalität der Mitarbeiter aus Unachtsamkeit an die Wand gefahren. Geradeso, als ob das Geld abgeschafft wäre.

Die Ursache für das Verhalten der Vorstände in diesem Beispiel war nicht deren Menschenverachtung, wie man vermuten könnte. Vielmehr war es der Mangel an Reflexion und Fantasie, der sie dazu verführte, von ihren Mitarbeitern zugleich Unterwerfung und Kreativität zu verlangen. „Kreative Befehlserfüller" hätten sie sein sollen, eine Art eierlegende Wollmilchsäue oder Wolpertinger.

Es ist verrückt zu glauben, dass man Menschen zu besseren Leistungen bringen könnte, indem man sie zu einem Verhalten zwingt, das ihrer Natur widerspricht.

„Wir leben in einer Gesellschaft, die den Kompass verloren hat und deren Wertekanon korrumpiert worden ist", sagte der ehemalige Investmentbanker Rainer Voss in einem Gespräch mit der Schweizer „Handelszeitung". Schlecht gehaltene Hühner rufen unverzüglich Tierschutz, Medien und Staatsanwaltschaft auf den Plan – artgerechte Haltung ist dort selbstverständlich. Doch diese Selbstverständlichkeit fehlt eigenartigerweise gegenüber uns selbst, den Menschen.

Bäume wachsen dem Licht entgegen

In den meisten Fällen entstehen schwerwiegende Probleme durch ein Denken, das einfach nur bestehenden Gewohnheiten folgt. Einmal eingeschlagene Bahnen werden nicht verlassen. Der Fokus der Vorstände im eben genannten Beispiel war ausschließlich auf Gewinn ausgerichtet, alles andere entzog sich ihrer Wahrnehmung. Sie waren blind für die Folgen, die sie verursachten, und dafür, dass sie selbst es waren, die ihre Wünsche nach kreativen Abteilungsleitern zunichtemachten. Sie starrten auf ihre Zahlen und fuhren auf Sicht. Genau wie Edward John Smith, der Kapitän der angeblich unsinkbaren Titanic.

Wie wir denken, beeinflusst immer unser Zugehen auf unsere Umgebung und unseren sozialen Kontext. Glauben wir uns bedroht, schaltet sich der Modus der Verteidigung ein. Fühlen wir uns hingegen bestätigt, werden Vertrauen und Zuneigung aufgedreht. Je nachdem, welches Muster gerade läuft, denken wir anders und verhalten uns auch anders. Dabei generieren wir sehr unterschiedliche Reaktionen und Konsequenzen.

> *„Nicht weil es schwer ist, wagen wir es nicht, sondern weil wir es nicht wagen, ist es schwer", meinte dazu schon der römische Philosoph Seneca. Wagen wir es also und sehen wir, ob es möglich ist, anders zu denken!*

Betrachten wir ein einfaches Stück Natur und sehen einem Baum beim Wachsen zu:

- Der Samen geht auf und zunächst keimt ein Spross. Der reckt sein erstes Blatt in die Höhe und bald werden es mehr. In alle Richtungen sprießen Blätter.
- Der Baum steht aber nicht allein da. Ringsum wachsen andere Pflanzen und Bäume. An manchen Stellen bekommen die Blätter deshalb weniger Licht.
- Was tut nun der Baum? Wird er versuchen, die anderen Pflanzen zu bekämpfen, um für sich selbst möglichst viel Raum zu gewinnen?

- Er wird tun, was sein natürlicher Auftrag ist. Er wird auf sich selbst achten und versuchen zu gedeihen. Dabei wird er den einfachsten und ökonomischsten Weg einschlagen. Stoßen seine Blätter auf Schatten, wird er dort nicht weiterwachsen. Er wird seine gesamte Kraft in jene hellen Zonen schicken, in denen er gut assimilieren kann.

Das ist der Grund, warum Bäume nicht gerade wachsen. Jeder weiß das. Hinter diesem Verhalten steht der Auftrag, den die Natur ihm mitgegeben hat und an den sich der Baum hält: Achte auf dich und gedeihe!

Solche Grundaufträge der Natur sind immer einfach. Sie sind wie eherne Gesetze. Der Baum kann aus ihnen ebenso wenig ausbrechen wie irgendeine andere Lebensform. Das gilt selbstverständlich auch für uns Menschen. So einfach diese Regeln sind, so wirkungsmächtig zeigen sie sich. Die Grundregel, auf sich selbst zu achten und zu gedeihen, reicht völlig aus, um die Erde mit Leben zu bedecken.

Andere Pflanzen zu bekämpfen, würde von einem Baum viel zu hohen Einsatz an Kraft erfordern. Zusätzlich würden Bäume sich selbst mittelfristig jeder Entwicklungsmöglichkeit berauben. Der letzte Baum auf dieser Erde wäre zwar der Sieger und hätte seine Stärke bewiesen. Doch wozu sollte das gut sein, wenn er sich nicht mehr fortpflanzen kann, weil kein geeigneter Partner mehr aufzutreiben ist?

Mit dem Highlander-Prinzip „Es kann nur einen geben" lassen sich spannende Hollywoodfilme gestalten. Im wirklichen Leben führen egomane Strategien immer zum Untergang. Man denke nur an den schonungslosen Egozentrismus einer Krebszelle, die Kopien von sich selbst ohne Rücksicht auf Verluste herstellt und den Gesamtorganismus damit schließlich umbringt – einschließlich sich selbst! Nicht umsonst gilt Krebs als Krankheit und ist ein Symptom des Niedergangs.

Behinderung ist immer nur ein Begleitprogramm. Gerd Binnig, der den Nobelpreis für Physik im Jahr 1986 erhielt, wies darauf hin, dass es in der Natur immer Inhibitoren geben müsse, deren Aufgabe es ist, übermäßiges Wachstum zu verhindern. Wären Inhibitoren die hauptsächliche Triebkraft in der Natur, wäre jede Entwicklung bereits im

Keim zum Erliegen gekommen. Wo die Natur gedeiht und den Grundregeln folgt, ist jedoch überall das Prinzip der Kooperation beobachtbar.

Unser Beispiel-Baum verhält sich regelkonform. Er greift nicht einfach andere Bäume an, sondern er versucht auf jene Weise zu überleben, die für ihn den geringsten Aufwand bedeutet. Leben sucht immer den Weg des geringsten Aufwandes. Auf der Suche nach Möglichkeiten, seinen Energieumsatz niedrig zu halten, schreitet es den Möglichkeitsraum ab. Dabei findet es Lösungen, die ihm das Gedeihen ermöglichen.

Deshalb wächst unser Baum in das Licht und nicht in den Schatten. Wo der Aufwand den Nutzen übersteigt, wird das Wachstum hingegen eingestellt.

Die Natur erfand Kooperation aus Faulheit

Diese einfache Regel gilt in der Natur überall. So atrophieren auch unsere Muskeln ab dem Moment, wo sie nicht mehr benutzt werden. Dieses Phänomen kennt jeder, der schon einmal länger einen Gips getragen hat.

Die Natur ist faul, sie tut nichts Unnützes. Unter ungünstigen Bedingungen gibt sie aber nicht einfach auf, sondern sucht nach energetisch günstigen Lösungen. Daraus entstand eine weitere Regel, die sich ebenfalls überall beobachten lässt, die Kooperation.

Seit den 1990er-Jahren verändert die Wissenschaft ihren Blick auf die Natur dramatisch. Es wird mehr und genauer beobachtet. Dabei ergeben sich teilweise vollkommen neue Sichtweisen und es werden Zusammenhänge entdeckt, die bisher einfach übersehen wurden. Dazu gehört auch das Phänomen der Kooperation.

Heute wissen wir, dass es Aufgabe der Kooperation ist, durch Arbeitsteilung den Aufwand niedrig zu halten – und dass das Prinzip der Kooperation eine typische Eigenschaft von Lebewesen ist. Sie teilen die Arbeit unter sich auf und steigern damit ihre kollektive Fähigkeit, mit den Herausforderungen der Umwelt umgehen zu können.

Einfache Formen von Kooperation finden sich bereits unter Einzellern. Unsere Körperzellen hätten niemals zu einem Körper werden können, wenn sie dem Prinzip der Zusammenarbeit nicht gefolgt wären. Ein gutes Beispiel dafür ist unser eigenes Gehirn.

Wir wissen heute, dass jede Zelle bis ins hohe Alter den Kontakt mit Nachbarzellen sucht und unablässig Verbindungen und Verschaltungen mit anderen Zellen bildet. Werden diese gebraucht und finden einen Reiz, der sie von außen verstärkt, werden sie gefestigt. Wo dieser Reiz fehlt, werden die Verbindungen wieder eingezogen.

So baut das Gehirn ständig seine Hardware um – abhängig davon, was die Umgebung erfordert. Dieses Verhalten des Gehirns nennen wir Lernfähigkeit und Intelligenz. Wo aber der Gebrauch des Gehirns zurückgefahren wird, wie im Falle von Hospitalismus, dort schwinden die Verbindungen überraschend schnell. Das Gehirn geht sozusagen auf Standby.

Die menschliche Fähigkeit, soziale Gemeinschaften zu bilden, folgt denselben Regeln des Zusammenlebens und der Zusammenarbeit. Als der Ackerbau erfunden wurde, konnte die Produktivität etwa auf das Hundertfache gesteigert werden. Mit weniger Arbeit konnten nun wesentlich mehr Menschen ernährt werden. Die Kulturen der Jäger sind heute hingegen nahezu verschwunden.

In all dem sehen wir das Prinzip der Natur, mit möglichst wenig Aufwand möglichst günstig überleben zu können. Den natürlichen Grundregeln allen Lebens wird in Unternehmen jedoch viel zu wenig Beachtung geschenkt.

Das rächt sich. Ebenso wie der Baum seine Blätter nicht in den Schatten reckt, werden Menschen sich niemals nachhaltig dorthin entwickeln können, wo sie weder auf sich selbst aufpassen noch gedeihen können.

Zugegeben: Die Funktionalisierung von Menschen als reine Lieferanten eines Betriebsergebnisses, der damit verbundene Druck und all die induzierten Ängste, die Abwertungen und Beschämungen – das alles führt Mitarbeiter tatsächlich dazu, dass sie kreativ werden und kooperieren. Nur in welche Richtung? Sie werden den innersten Regeln der Natur folgen und sehen, wie sie sich unter solchen Rahmenbedingungen schützen und trotz allem gedeihen können. Um das zu erreichen, werden sie auch kooperieren.

In der Praxis bedeutet das, dass sie ihr Engagement für das Unternehmen und dessen Ziele auf das Minimum herunterfahren werden und sich woanders ihre Bestätigung holen. Vielleicht in der Familie, bei Freunden oder bei einem Hobby. Ich kenne auch Fälle von Leuten, die eigene Firmen gründeten, in denen sie die gleiche Arbeit verrichteten wie am vormittäglichen Arbeitsplatz. Das bedeutet: Morgens holen sie nur das Gehalt und das Know-how ab, um hinterher mit großem Engagement ihrem Arbeitgeber Konkurrenz zu machen!

Eine andere Lösung besteht darin, dass Mitarbeiter eine Art Wagenburg bilden. Auch sie folgen der Regel der Kooperation, allerdings ebenfalls nicht im Sinne des Unternehmens, sondern als Schutzgemeinschaft! Man versichert sich untereinander des Zusammenhaltes und kooperiert in der Verteidigung gegen die eigene Führung.

Die Ursache für dieses Verhalten liegt nicht in grundsätzlicher Unwilligkeit, Dummheit oder gar Bosheit. Es handelt sich vielmehr um gesundes Verhalten gegenüber ungesunden Verhältnissen. Dieses Verhalten ist uns grundsätzlich von der Natur vorgeschrieben.

Selbstverständlich ist es möglich, dass Menschen sich unterwerfen und das grimmige Spiel mitmachen. Vielleicht, weil sie sich fürchten, den Arbeitsplatz zu verlieren, oder einfach, weil sie hoffen, doch noch anerkannt und wahrgenommen zu werden. Dann ist die Wahrscheinlichkeit groß, dass der Körper irgendwann reagiert und sich typische Krankenstände entwickeln.

Helligkeit ist eine Bringschuld

Welches Ausmaß die Missachtung unserer stammesgeschichtlichen Ausstattung inzwischen in der Arbeitswelt angenommen hat, lässt sich am sinkenden Engagement und an den daraus entstehenden Kosten ablesen.

*Grundregeln der Natur zu missachten, bedeutet, dass
Botschaften nicht mehr durchdringen. Wo der Natur
entsprechende Gründe für Engagement fehlen, wird Energie
abgezogen. Die Weigerung des Gehirns, solche Botschaften
wahrzunehmen, ist nichts anderes als die ökonomischste
Möglichkeit, Energie zu sparen.*

Welchen Grund benötigt ein Mitarbeiter, um sich engagieren zu können? In seinem Ohr muss die Botschaft ankommen und sein Gehirn muss freudig zustimmen können. Wie tut man so etwas?

Einmal wurde ich mit einem Fall von großer Hartnäckigkeit konfrontiert. Es ging darum, die Überstunden von Werkmeistern in einer großen Abteilung eines Energiekonzerns zu reduzieren. Alle Bemühungen, die Betroffenen davon zu überzeugen, hatten sich als unbrauchbar erwiesen.

Nachdem der erste Versuch in Form einer Weisung nur dazu geführt hatte, dass die Meister ausgeklügelte Begründungen für die Ablehnung vorbrachten, entschloss man sich, die Richtung zu ändern. Man versuchte also, mit persönlichen Folgekosten zu argumentieren: Überstundenabgeltungen würden zwar eine höhere Auszahlung bedeuten, doch nach Abzug der Steuer blieb in diesem konkreten Fall nur ein Plus von 30 Euro netto. Zudem würde neben den Abenden und Wochenenden auch das Familienleben darunter leiden. Das war nicht falsch, denn tatsächlich war es bereits zu einigen Scheidungen gekommen.

Es half alles nichts, die Werkmeister arbeiteten weiter wie bisher und machten Überstunden. Nur die Qualität der Begründungen, dass jede Veränderung unmöglich sei, stieg an.

Das Arsenal der Handlungsmöglichkeiten der Führung schien ausgeschöpft. Natürlich hätte man Überstunden verbieten oder an komplizierte Genehmigungen binden können. Dieses Vorgehen verbot sich jedoch von selbst, weil die Werkmeister darin eine verordnete Gehaltsreduktion und eine Degradierung gelesen und unverzüglich jedes Engagement aufgekündigt hätten. Was also tun?

Mit einer erfahrenen Gruppe aus Mitarbeitern der Abteilung, die bereits mehrere Jahre an der Veränderung der Haltungen im Unternehmen gearbeitet hatte, wurde ein Workshop vereinbart. Der zuständige Abteilungsleiter schilderte die Situation und schloss mit der Bitte um eine Lösung.

Zunächst breitete sich betretenes Schweigen aus, denn niemand hatte eine Antwort zur Hand. Nach und nach entstand ein Gespräch zwischen den Teilnehmern, man tastete sich voran. Dieses und jenes wurde in die Diskussion geworfen, doch nach kurzer Untersuchung auf Folgewirkungen abgelehnt. So ging das eine ganze Weile, bis die Gruppe sich entschloss, ihre Denkrichtung zu ändern. Sie fragte nicht mehr danach, wie man die Werkmeister bewegen könnte, sondern danach, was diese eigentlich zum Festhalten an den Überstunden brachte, obwohl die Nachteile doch auf der Hand lagen. Was verursachte diese unvernünftige Hartnäckigkeit?

Die Antwort war überraschend und fand sich in der Vergangenheit. Vor vielen Jahrzehnten, als noch in echten Handwerkerteams gearbeitet worden war, bekamen gute Meister viel Arbeit. Von ihnen wusste man, das Ergebnis würde den Wünschen entsprechen. Das führte dazu, dass sie häufig Überstunden machen mussten. Andere, denen man nicht so viel zutraute, kamen dagegen früher nach Hause.

Daraus entwickelte sich eine heimliche Spielregel, nach der sich alle richteten. Sie war zwar in allen Köpfen verankert, doch nirgends aufgezeichnet, und lautete: Wer die meisten Stunden im Betrieb ist, ist der beste Werkmeister! Im Lauf der Zeit hatte sich die Richtung der Begründung umgedreht. Sie war von einem guten Arbeiter, der mehr zu tun hat, auf den Umkehrschluss geschwenkt. Stillschweigend galt nun die Regel, dass man einen guten Mann an der hohen Anzahl der Arbeitsstunden erkennen könne.

Sachlich ist das natürlich Unsinn, die Wirkung allerdings war real. In manchen Fällen konnten wir nachweisen, dass die Arbeit während des Tages verlangsamt wurde, nur um abends noch etwas zu tun zu haben und länger bleiben zu können. Nur war das niemandem bewusst!

Bald stellte sich heraus, dass die Leute nicht das Recht auf Überstunden verteidigten, sondern ihren sozialen Status untereinander. Sollte sich etwas ändern, dann musste ihnen eine Alternative geboten werden. Der Schlüssel lag in der Veränderung des Codes für sozialen Status.

Tief in ihrem Inneren vermuteten die Meister, dass ihnen der Status dazu verhelfen würde, ihrem Leben Sinn zu verleihen. Dafür brauchte es eine Alternative. In der Diskussion wurde ein Begriff geboren: „Erfolgsintelligenz" Da dieser Begriff erst entstanden war, konnte er mit Sinn gefüllt werden. Es musste ein Bild entstehen, das in den Köpfen der Meister besser für ihren Status sorgte als ihre alte Überstundenlogik.

Das war die Aufgabe. Im nächsten Schritt wurde der Begriff gefüllt. Was alles gehört zur Erfolgsintelligenz?

Dabei kam nicht nur zum Tragen, dass ein gutes Familienleben wichtig ist, sondern auch eine weitere heimliche Spielregel, die in den Köpfen ihr Unwesen trieb. Sie verursachte, dass die Meister ihr Wissen tunlichst für sich behielten und es gar nicht gerne sahen, wenn einer ihrer Lehrlinge zu einem Kollegen wechselte. Auch diese Regel kam aus den Tiefen der Geschichte und war entstanden, als das Management den alten Corpsgeist abbaute und auf Konkurrenz unter Arbeitsgruppen setzte. Das vorher bestehende Miteinander war dadurch gestört worden und gegenseitiges Misstrauen hielt Einzug. Arbeiten wurden deshalb häufig mehrfach verrichtet, weil die Gruppen nichts mehr voneinander erfuhren. Wissen wurde als Besitz betrachtet und wie ein Schatz gehütet.

Wir entwickelten schließlich ein Bild, das die „Erfolgsintelligenz" des besten Meisters definierte. Zu der neuen Regel, dass ein guter Meister in der Lage sei, die Zeit für sich und sein Team einzuteilen, kamen weitere Elemente hinzu. Den besten Meister sollte man beispielsweise an den besten Lehrlingen erkennen, diese wiederum daran, dass sie bei den anderen Meistern begehrt waren. Der beste Werkmeister sollte jener mit der größten Breitenwirkung sein, von dem man noch Jahre nach seiner Pensionierung positiv sprach.

Daraus ergab sich ein Bild, das für die Meister stark genug war, ihre Aufmerksamkeit zu erregen. Noch war aber die letzte Hürde zu nehmen, denn das Bild musste auch in die Realität übertragen werden. Die Meister sollten ja ihr Verhalten ändern.

Hier kamen die Führungskräfte zum Zug. Um der Umsetzung die nötige Kraft mitzugeben, erhielten sie den Auftrag, ihre Beurteilung künftig konsequent an diesem Bild auszurichten. Auf diese Konsequenz und ihr Bewusstsein von Führungsverantwortung kam es nun an. Die Führungskräfte befolgten das und das Projekt gelang. Es wurden nicht nur die Überstunden reduziert, sondern auch erreicht, dass der alte Teamgeist wieder Einzug in die Gruppe der Werkmeister Einzug halten konnte.

Entscheidend für den Erfolg waren zwei Dinge: zum einen das gemeinsame Führungsverständnis bei den Vorgesetzten, die in eine gemeinsame Richtung zogen, zum anderen, dass der Entwicklung genügend Zeit gegeben wurde. Denn soziale Prozesse besitzen eine eigene Zeitlichkeit. Das soziale System muss diese Zeit bekommen – Abkürzungen funktionieren nicht.

Die Notwendigkeit des Umdenkens

In vielen Organisationen drehen sich Begriffe wie „Produktivität", „Gewinn" und „Wachstum" wie Mantren in der Gebetsmühle. Sie werden ständig wiederholt, ohne dass Führungskräfte sich klarmachen, dass sie damit den Mitarbeitern eine Master-Schablone in den Kopf setzen.

Das Gehirn hört zwar diese Begriffe, doch es kann sie nicht direkt in Engagement für das Unternehmen übersetzen. Dazu ist es nicht in der Lage. Seine Aufgabe ist es, das Gedeihen des Individuums zu ermöglichen. Begriffe wie Produktivität, Gewinn und Wachstum wird das Gehirn nach den Regeln der Natur entschlüsseln.

Es braucht niemanden zu wundern, wenn Mitarbeiter nicht an den Gewinn des Unternehmens denken, sondern an sich selbst! Menschen reagieren genau wie unser Beispiel-Baum, der zwar zunächst Blätter in alle Richtungen aussendet, dann aber nicht in den Schatten, sondern in das Licht wächst.

*Will man aus der Falle sinkender Motivation herauskommen,
will man Menschen in Unternehmen haben, die engagiert
arbeiten, loyal sind und im Sinne des Unternehmens mitdenken,
denen es gelingt, die Innovationskraft der Organisation zu
steigern und sowohl hohe Kundenbindung als auch ausreichende
Attraktivität für dringend benötigten Nachwuchs an talentierten
Mitarbeitern zu schaffen, dann muss man ihnen – wie dem
Baum – Licht bieten, das ihnen die Möglichkeit gibt zu wachsen!*

In den meisten Organisationen ist nur sehr wenig Licht zu finden, hingegen Unmengen von Schatten. Schatten, wohin man blickt, bis in hohe Positionen des Managements.

„Man muss sich wieder auf den Menschen konzentrieren – und nicht auf das Geldverdienen. Viele Unternehmen opfern Menschen für den finanziellen Erfolg", sagte dazu Joan Fontrodona Felip von der IESE Business School Barcelona, der ältesten Business School Europas.

Unternehmen, die weiterhin erfolgreich sein wollen, müssen das Vakuum der Begeisterung schließen, das uns überall umgibt! Nicht nur, weil dieses Vakuum wie ein Schwarzes Loch ist, das Kapital nutzlos verschlingt. Es lauert auch eine demografische Entwicklung, die das Zugehen auf die Mitarbeiter unerlässlich macht.

Noch bis vor Kurzem schien es egal zu sein, ob Menschen ihre Arbeitsfähigkeit verlieren oder nicht. Neoliberale Modelle beruhen nicht zuletzt auf der Annahme, dass immer genug Menschen vorhanden sein werden, um die vorhandene Arbeit zu verrichten. Wenn einer nicht mehr kann oder krank wird, dann würde es ja genug andere geben, die gerade Arbeit suchen.

„Jeder ist ersetzbar", hieß es. Das ändert sich nun, denn es gibt schon jetzt nicht mehr genug junge Leute. Viele Branchen klagen über den Mangel an Arbeitskräften, darunter auch Banken und Versicherungen. Sie finden keine Bewerber mehr und sie können den natürlichen Abgang nicht mehr ersetzen – Arbeitskräfte werden zur Mangelware.

74

Nach Öl und Gas wird nun eine dritte zentrale Ressource knapp, die Arbeitskraft. Peak Oil, der Augenblick der maximalen Erdöl-Förderrate, liegt hinter uns. Peak Gas wird demnächst erreicht werden. Derzeit befinden wir uns mitten in Peak Man. Die Geburtenraten gehen zurück. Ulrich Reinhardt von der Stiftung für Zukunftsfragen in Hamburg rechnete bereits vor einigen Jahren vor, dass es in Europa nicht einmal mehr genügend Frauen gibt, um die Bevölkerung stabil halten zu können!

Es wird Generationen brauchen, bis zumindest theoretisch eine Änderung eintreten kann. Die Auswirkungen auf Unternehmen sind bereits deutlich spürbar. Die Situation wird sich zuspitzen, denn die nötigen Kinder sind nie geboren worden. Die Folgen dieser demografischen Situation werden den Umgang mit Mitarbeitern dramatisch verändern.

Eine solche Situation gibt es nicht zum ersten Mal in der Geschichte, sie trat zum letzten Mal Anfang des 14. Jahrhunderts flächendeckend auf. Es regnete einen Sommer nach dem anderen durch. Das Getreide verfaulte am Halm, die Infrastruktur versank im Schlamm, Hunger war überall. Es herrschten schreckliche Zustände – das war das Vorspiel zur großen Pest. Sie traf wenige Jahre später auf eine bereits geschwächte Bevölkerung und wütete in ganz Europa. Als sie abklang, war rund die Hälfte der europäischen Bevölkerung verschwunden.

In unserem Zusammenhang ist interessant, was danach geschah. Wohlhabende waren aufs Land geflohen, wo es keine Pest gab. Eine große Anzahl von ihnen überstand diese Zeit ganz gut. Als die Krise vorbei war, kamen Müller, Tuchhändler und Schmiede zurück und machten ihre Geschäfte wieder auf. Doch sie mussten feststellen, dass es nicht mehr genug Arbeiter und Gesellen gab. Diese hatten die Städte nicht verlassen können, unter ihnen hatten Hunger und Tod gewütet, nun fehlten sie.

Zwischen den Betrieben setzte ein Wettbewerb um Arbeitskräfte ein. Ein „war for talents" brach aus. In der Folge kippte der Arbeitsmarkt. Vormals schlecht bezahlte Arbeiter und Gesellen bekamen nun höchste Löhne bezahlt. Nicht nur das: Man musste froh sein, wenn man jemanden fand, der für einen arbeitete und blieb! Arbeiter waren ein Schatz, der gehütet werden musste. Sie schlecht zu behandeln, war nicht mehr möglich. Schliefen sie vorher auf Stroh, bekamen sie nun Betten. War es zuvor üblich, Lehrlinge zu prügeln, unterließ man das nun besser. So veränderte sich das ganze Sozialsystem.

Unsere heutige Situation wird nicht von einer Seuche angetrieben, sie ist weit weniger dramatisch. Dennoch ist es das Gebot der Stunde, den Umgang mit Mitarbeitern zu optimieren. Arbeitskräfte werden auch heute zur Mangelware. Gutes Personal zu bekommen und bei sich zu halten, entwickelt sich zu einem der wesentlichen Erfolgsfaktoren der Zukunft.

V. Gefühle sind mächtiger als die Vernunft

Als geradezu unverrückbar galt bisher die Überzeugung, dass Verhalten eine Sache von Willen und Vernunft wäre. Gefühle hingegen galten als unprofessionell und als Zeichen von Schwäche. Sie wurden als Privatproblem betrachtet. Im Lichte jüngster Forschungen lässt sich dieses Bild jedoch nicht halten und muss revidiert werden.

Der Neurophysiologie gelang es festzustellen, dass das Bewusstsein – und damit der Sitz der Vernunft – nur einen sehr geringen Teil der Arbeit des Gehirns ausmacht. Seit sich die Forschung in den 1990er-Jahren diesem Thema zugewandt hat, lernen wir immer mehr über das Unbewusste. Je mehr konkret geforscht wird, umso kleiner erweist sich die Bedeutung des Bewusstseins. Mittlerweile herrscht Gewissheit darüber, dass das Unbewusste darüber befindet, was wir überhaupt denken können. Es ist überraschend und für unser Selbstbild kränkend, dass der Anteil des Bewussten schrumpft und schrumpft.

Das Gehirn will Energie sparen und baut, wo immer es geht, Routinen ein. Diese sind im Unbewussten eingelagert und bereiten jede bewusste Wahrnehmung vor. Sieben bis zehn Sekunden, bevor wir etwas bewusst wahrnehmen (so weiß man dank der Arbeiten von John Dylan Haynes), haben ältere Teile des Gehirns bereits entschieden, ob wir es überhaupt wahrnehmen sollen und mit welchen Gefühlen es markiert wird. Wir bemerken allenfalls das Ergebnis dieses Prozesses.

Wenn wir also glauben, eine Idee zu haben, dann hatte das Gehirn diese Idee schon einige Zeit vorher, lässt uns aber die Vorstellung, dass wir bewusst entscheiden. Das Bewusstsein macht nur ein Prozent der Gehirntätigkeit aus, alles andere läuft auf Automatik und entscheidet mit. Bewusstsein sei nur der Nachklang, wenn alles schon entschieden ist, eine PR-Aktion des Gehirns, damit man glaubt, man hätte auch noch etwas zu sagen, meinte der australische Neurowissenschaftler Allan Snyder. Dadurch wird nicht die Grenze zwischen Körper und Geist diffus, sondern auch jene zwischen innen und außen.

Seit der französische Philosoph René Descartes (1596–1650) zwischen „res extensa" und „res cogitans" unterschied, also zwischen Körper und Bewusstsein, beschäftigten sich die Naturwissenschaften mit dem Körper, während Philosophie und Geisteswissenschaften den Geist und die Gedanken bearbeiteten. Diese Grenze ist nun nicht mehr zu halten.

Wir werden mit harten Forschungsergebnissen konfrontiert: Sie weisen nach, dass sich das Gehirn selbst ständig umbaut, je nach der Umwelt, die es vorfindet. Radikaler ausgedrückt: Da draußen gibt es eine Umwelt. Das, was wir davon erfahren, ist aber nicht ein Bild von ihr, sondern eine Reaktion des Gehirns auf sie – also etwas vollkommen anderes.

Die Diskussionen darüber, ob sich die Aufklärung geirrt hat, ob es so etwas wie den freien Willen oder Persönlichkeit gibt oder nicht, werden derzeit mit erbitterter Härte geführt. Sicher ist derzeit nur eines: Das Bild, das wir über uns selbst haben, ist überholungsbedürftig!

Für die praktische Arbeit mit Menschen, für die Führungsarbeit, für die Gestaltung des Miteinanders in Organisationen schaffen die Forschungsergebnisse neue, bisher völlig unbeachtet gebliebene Möglichkeiten.

Wir wissen einfach viel genauer, warum Menschen auf die eine oder andere Weise funktionieren und was dabei in ihrem Gehirn vorgeht. Wenn wir diese Kenntnisse richtig einsetzen, dann können wir besser und wirkungsvoller agieren. Es zeigt sich auch, dass die Beachtung dieses Wissens nicht – wie von manchen Philosophen befürchtet – zu einer Einschränkung der menschlichen Freiheit führen muss, sondern umgekehrt den Weg zu mehr Miteinander und Vertrauen weist, zu dem, was sich ohnehin alle wünschen!

Wenn das Unbewusste bestimmt, was wir überhaupt bewusst denken können und welche Möglichkeiten des Verhaltens Menschen in einer konkreten Situation haben, muss das im Kontext der Führung Beachtung finden.

Hören wir kurz den Wissenschaftlern verschiedener Disziplinen aufmerksam zu, um die beteiligten Wechselwirkungen verstehen und anwenden zu können.

Die Innovationskraft des Schimmelpilzes

„Wir haben inzwischen in der Biologie, aber auch in der Medizin und der Neurophysiologie festgestellt, dass es bei lebenden Organismen so etwas wie monokausale Zusammenhänge, also einfache Ursache-Wirkungs-Ketten, in Wirklichkeit nicht gibt. Beobachtbaren Wirkungen liegt immer ein sehr komplexes Zusammenspiel verschiedenster Substanzen und innerer und äußerer Bedingungen zugrunde", sagt Rudolf Krska von der Wiener Universität für Bodenkultur. Sein Department für Agrarbiotechnologie ist weltweit führend in Fragen der Mykotoxikologie. Die Wissenschaftler beschäftigen sich intensiv mit Wechselwirkungen zwischen Organismen.

Reaktionen werden nicht einfach nach fixen Mustern abgespult, sondern stets neu zusammengestellt, je nachdem, was die Situation gerade verlangt. Deshalb handelt es sich um innovative Lösungen, die nicht einfach vorhergesagt werden können. Die Natur lernt auf allen Ebenen gleichzeitig und das Leben findet unablässig neue Lösungen.

Wie das funktioniert, kann man sehr gut an einfachen Lebewesen beobachten, wie beispielsweise den Schimmelpilzen der Gattung Fusarium. Dieser Pilz besiedelt Maispflanzen als Parasit. „Interessant wird es, wenn die Pflanze dem Pilz Stress macht", sagt Rudolf Krska. Das geschieht, wenn sie in Blüte ist und ihr Immunsystem auf vollen Touren arbeitet. In dieser Zeit lässt sie dem Pilz kaum eine Chance – er droht zu verhungern. Fusarium kann nun nicht mehr für sich sorgen und gedeihen. Was er dann tut, war selbst für die Wissenschaftler eine Überraschung: Er schaltet auf ein zweites Stoffwechselsystem, das er in Reserve hat.

Die Entdeckung dieses alternativen Metabolismus bewirkte einen Umbruch im Denken. Bisher stellte man sich Organismen viel zu einfach vor: Oben kommt etwas rein, unten kommt es raus, dazwischen gibt es einen Stoffwechsel. So einfach ist es aber nicht. Durch die Veränderung des Metabolismus ändert sich die Biochemie des Pilzes. Er wird dadurch quasi zu einem anderen Wesen im selben Körper.

Wissenschaftliche Beobachtungen beschränkten sich bisher auf die Kampfkraft, die in Organismen steckt. Heute ändert sich der Blickwinkel fundamental und wendet sich dem kreativen Potenzial zu, das in der Natur steckt.

Weil die Maispflanze bisher als Nahrungsmittel angesehen wurde, das mittels Chemie gegen Feinde geschützt werden muss, war die Wissenschaft blind für die ungeheure kreative Leistung von Fusarium. Mittlerweile haben die Wissenschaftler ihr Denken geändert und konnten beweisen, dass herkömmliche Pilzbekämpfung der Kreativität des Pilzes mittelfristig immer unterliegen wird. Sein kreatives Potenzial ist einfach zu groß.

Die Forschungsarbeiten sind von immenser wirtschaftlicher Bedeutung, weil Fusarium jährlich Millionen Tonnen an Mais vernichtet. Vor allem Monokulturen sind ein hervorragender Nährboden für den Pilz. Und sein größter Helfer ist paradoxerweise das eindimensionale menschliche Profitdenken.

Monokulturen folgen der Logik kurzfristiger Maximierung von Gewinn, erläutert Krska. Bringt Mais im Moment den höchsten Profit, wird überall Mais angebaut, und das möglichst ausschließlich.

*Die Ursache für die Monokulturen auf den Feldern ist eine
Monokultur im Denken, die auf bloßer Profitmaximierung in*

einem kurzen Zeitraum beruht. Monokulturen verwandeln
Äcker in Agrarwüsten und eindimensionales Denken erzeugt
Wüsten des Verstandes.

Pilze sind schlau, lernen unglaublich schnell und wissen der Gefahr zu begegnen. Auch mit härtestem Einsatz von Chemie sind sie nicht zu bändigen, sogar massiver Einsatz von Fungiziden kann ihnen nicht lange etwas anhaben. Immer bleiben Sporen im Boden, die nun das Wissen in sich tragen, wie Fusarium mit einer bestimmten Maissorte und dem Fungizid umzugehen hat.

Einmal Gelerntes vergisst der Pilz nie. Er ist sozusagen „antherapiert", stärkt sein kreatives Arsenal, wird immer elastischer und verwandelt sich nach und nach in ein immer schwerer angreifbares Monster. Damit tritt das Gegenteil von dem ein, was beabsichtigt war: Der Pilz wird trainiert, die Pflanze geschwächt! Gegen die Lerngeschwindigkeit von Fusarium haben wir auf Dauer keine Chance.

Der Glaube an überlegene technologische Lösungen gerät damit ebenso in prinzipielle Schwierigkeiten wie jener an die Überlegenheit gegenüber der Natur. Technologie ist langfristig immer schwächer als die Natur. Was wir auch versuchen, wir sind Teil der Natur und daher nicht in der Lage, sie zu übertreffen. Bereits ein simpler Organismus wie Fusarium beweist uns das!

Die Befunde über den Schimmelpilz Fusarium lassen sich verallgemeinert zusammenfassen:

- Leben ist ein kontinuierlicher und kreativer Prozess, der aus verschiedensten Wechselwirkungen und Resonanzen besteht. Kommunikation ist immer multidimensional. Das Ergebnis dieses Prozesses ist nie eindeutig vorher bestimmbar.
- Gewaltanwendung ist möglich, führt aber nur kurzfristig zum Ziel. Sie ruft immer Nebeneffekte hervor, die den Druck letztlich zunichtemachen.
- Um für sich selbst zu sorgen, sind Organismen in der Lage, ihren Stoffwechsel zu ändern. Sie behalten zwar ihre äußere Form, doch

innerlich verwandeln sie sich in ein anderes Wesen, das anderen Regeln folgt.

- Nichts wird vergessen. Einmal Gelerntes bleibt dem Organismus als Ressource für immer erhalten und erhöht sein kreatives Potenzial.

Diese Regeln gelten überall in der Natur. Also auch für den Menschen.

Patienten sind andere Wesen

Anlässlich eines längeren Aufenthaltes im Krankenhaus hatte ich Gelegenheit, andere Patienten zu beobachten. Dabei fiel mir auf, dass diese sich in sehr wechselvoller Weise benahmen. Oft schwankten sie, so schien mir, zwischen kindlicher Hilflosigkeit, Trotz und großer Gelassenheit. Neugierig, was sich dahinter verbergen könnte, suchte ich das Gespräch mit Schwestern und einer Neurologin.

Sie erzählten übereinstimmend, dass ganz normale Patienten sich manchmal wie verschiedene Personen verhielten, dass sie ihre Persönlichkeit wechselten. Das mache den Beruf recht anstrengend. Ich vermutete, dass es sich um komplexe Veränderungen in der zuständigen Körperchemie handeln könnte, und sprach mit Neurologen. Diese bestätigten:

Ein Mensch in Angst ist tatsächlich physiologisch ein anderer als in der Zufriedenheit tags zuvor!

Psychologen, Neurologen und Neurophysiologen geben sich nicht damit zufrieden, einfach nur festzustellen, dass frühe Erfahrungen später die Grundhaltungen, also den Charakter eines Menschen bestimmen. Längst ist aufgefallen, dass Übergänge zwischen Psychologie und Biologie normal sind und Menschen keineswegs so autonom, wie wir uns das gerne vorstellen.

Die Wissenschaft schürft tiefer und will wissen, wie und unter welchen Bedingungen es zu solchen Wechseln kommen kann. Dabei stellte sich heraus, dass – ähnlich wie beim Beispiel Fusarium – die Chemie im Körper völlig verändert wird. Diese Veränderungen werden durch Neurotransmitter hervorgerufen, die Signale zwischen den Verbindungsstellen der Nervenzellen herstellen. Aktuelle Zusammensetzungen dieser Botenstoffe entscheiden über die Qualität der Vermittlung, den Modus der Verarbeitung und damit auch über das resultierende Verhalten des Gesamtorganismus.

Die Zusammensetzung der Botenstoffe richtet sich immer danach, wie Eindrücke von außen vom limbischen System tief im Gehirn bewertet werden. Bewertet es einen Eindruck positiv, werden andere Botenstoffe ausgeschüttet, als wenn etwas als Gefahr erkannt wird. Da das limbische System sehr viel älter ist als das Großhirn, springt es lange vor dem Aufleuchten des Bewusstseins an. Es dauert die neuronale Ewigkeit von sieben bis zehn Sekunden, bis das Bewusstsein dazugeschaltet wird.

Als sehr alter Teil des Gehirns kennt das limbische System noch keine Worte, doch es besitzt eine Sprache, die sehr wirksam unser Verhalten bestimmt. Diese Sprache besteht aus Gefühlen wie Zuneigung und Ablehnung, Zufriedenheit und Unwohlsein. Mit der gesamten Gefühlspalette spricht dieses System zu uns, Sprachrohr sind die Neurotransmitter.

So komplex unser Gehirn auch ist, so einfach funktionieren diese Systeme. Die wichtigsten Mitspieler sind dabei die Reaktionsmuster auf Belohnung und Stress. Einer der wesentlichen Botenstoffe des Belohnungssystems ist das Dopamin, es ist zuständig für Antrieb und Motivation. Tali Sharot vom London University College fand mit ihrem Team heraus, dass die Menge an Dopamin im Körper Entscheidungen vorwegnimmt. Sie ließ Probanden Vorentscheidungen über ihr beliebtestes Urlaubsziel treffen. Unter Dopaminzufuhr wurden ihnen dann unbeliebte Destinationen vorgestellt. Am nächsten Tag entschied sich die Mehrzahl der Teilnehmer für Ziele, die sie anfangs gar nicht gewählt hatten.

Es ist also die Menge an Dopamin, die entscheidet. Das Gehirn sagt uns: Das, was einmal eine hohe Dopaminkonzentration verschafft hat, sollst du wieder tun. War hingegen ein Erlebnis unangenehm, verursachte eine Fehlentscheidung Schmerzen oder war eine andere Person unfreundlich, dann sank der Spiegel. Auch das merkt sich das Gehirn und sendet bei erneutem Zusammentreffen mit dieser Person unverzüglich die Botschaft an das Bewusstsein: Tu das bloß nicht! Diesen Vorgang nennen wir Lernen.

Wir reagieren also auf unterschiedliche Reize, indem wir unseren Stoffwechsel ändern. Die beteiligten Hormone bestimmen die Gefühle, diese wiederum sind die Grundlage für das Verhalten. Alles, was wir einmal erlebt haben, ist mit Gefühlen verbunden und hinterlässt auf immer Spuren im Gehirn. Dabei ist immer das gesamte Gehirn beteiligt, nicht nur eine Region oder gar nur eine Nervenzelle.

Das bedeutet, dass der Patient im Krankenhaus, der vielleicht gerade einen Albtraum erlebt und Angst hat, wirklich ein physiologisch anderer ist, als er möglicherweise am Vortag gewesen sein mag. Menschen ändern sich, immer und zu jeder Stunde. Unsere Umwelt und zuvor gemachte Erfahrungen entscheiden, was wir gerade sind.

Erfahrungen wurden in einem alten Teil des Gehirns abgespeichert, der über Gefühle mit uns spricht. Diesen Gefühlen sind wir ausgeliefert, für die bewusste Sprache oder die Vernunft sind sie kaum zugänglich. Appelle an die Vernunft sind in gesprochener Sprache abgefasst. Sie scheitern, weil das limbische System eine andere Sprache spricht.

Erst seit Kurzem kennen wir diese biochemischen Reaktionen und Zusammenhänge mit wissenschaftlicher Genauigkeit. Die Befunde sind eindeutig: Ändert sich die Körperchemie, ändert sich der Mensch. Er ist in gewisser Weise ein anderer im gleichen Körper. Mit der Änderung der Säftekombination ändern sich auch sein Denken und seine möglichen Verhaltensmuster.

Das Krankenhauspersonal, das davon sprach, jeweils andere Menschen im gleichen Körper vor sich zu haben, hatte also aus Sicht der Naturwissenschaft recht. Durch langjährige Erfahrung und Beobachtung war man zum selben Schluss gekommen. „Deshalb", so sagte mir eine Schwester, „versuchen wir nachsichtig zu sein, auch mit schwierigen Patienten. Im Zweifel gehen wir immer davon aus, dass der Mensch, der vor uns liegt, nicht wirklich Herr seines Verhaltens ist. Das erleichtert uns die Arbeit, dem Patienten seinen Aufenthalt und vor allem fördert es den Heilerfolg."

Die Rückkehr der Verantwortung

Was sich hier entwickelt, kommt einer kopernikanischen Wende gleich. Uns wird dadurch die Möglichkeit geschenkt, mit anderem Wissen besser aufeinander zugehen zu können. Das bietet ungeheure Möglichkeiten und Chancen. Außerdem können uns diese Einsichten vor der Gefahr geistiger Monokultur und mentaler Erstarrung bewahren.

Natürlich löst es zunächst einen Schock aus, plötzlich unsere Lieblingskonzepte von Autonomie und Selbstverwirklichung in Frage gestellt zu sehen, ebenso wie das Konzept der Bedeutung der Willensstärke. Aber ist das wirklich ein Schaden? Haben nicht die herkömmlichen Denkmodelle bereits nachgewiesen, dass sie nicht in der Lage sind, ein Zusammenleben zu generieren, wie wir es uns alle wünschen, sondern dieses eher verhindern? Haben all die Trainings- und Beratungskonzepte, die direkt oder indirekt auf diesen Denkmodellen beruhen, zu einer Verbesserung geführt?

Im Gegenteil! Der Prozentsatz derer, die am Arbeitsplatz innerlich gekündigt haben, ist stetig im Steigen, weil Unternehmensentscheidungen vor dem Hintergrund der Vorstellung vom Menschen als reine Reiz-Reaktions-Maschine getroffen werden. Diese Vorstellung paart sich auf verhängnisvolle Weise mit der Forderung nach individueller Mündigkeit und Autonomie. Heraus kommt die allenthalben beobachtbare Verweigerung von Verantwortung und deren Delegation nach unten. Um etwas an dieser Situation zu verbessern, muss das geistige Szenario re-arrangiert werden, wie Willi Brandt es gelegentlich ausgedrückt hat.

Menschliche Reaktionsmuster ändern sich nicht, bloß weil man anders darüber denkt. Allerdings nimmt die Breite möglicher Handlungen zu und der Spielraum wächst, wenn man anderes Denken zulässt. Es entsteht dann überhaupt erst die Möglichkeit, etwas anders zu tun, und nicht mehr in den ewig wiederkehrenden Automatismen von Druck, Entwürdigung und Beschämung zu verharren.

Die neuen Einsichten sagen nur, dass es Dinge gibt, die bisher nicht beachtet wurden. Sie lassen Schlüsse darauf zu, wie man es besser machen könnte. Die Individualität und die Unterschiede zwischen Menschen bleiben erhalten.

Die Psychiatrie beginnt beispielsweise, dem neuen Wissen Rechnung zu tragen. So vermeidet sie zunehmend den Begriff „Persönlichkeit" und ersetzt ihn immer öfter durch „Primärpersönlichkeit". Sie reagiert damit auf die Kenntnis, dass verschieden alte Regionen im Gehirn ihre Arbeit hintereinander verrichten und dass Gefühle eine Art Sprache darstellen. „Das bedeutet, dass wir den Gefühlen sehr viel mehr Aufmerksamkeit schenken müssen, als wir das bisher getan haben", versicherte mir die schon erwähnte Neurologin.

Will ich meine Umgebung gestalten, so muss ich mit den Gefühlen der anderen beginnen. Mein erster Gesprächspartner ist nicht das vernunftbegabte Wesen, das mir gegenüber sitzt, sondern zuvor dessen Gefühle.

Erinnern wir uns: Am Anfang standen Wünsche nach dem idealen Arbeitsplatz und nach der idealen Arbeitsumgebung. Man ahnt es schon: Viele Kosten, die durch mangelndes Engagement entstehen, ließen sich vermeiden, wenn besser auf den Menschen eingegangen werden könnte. Außerdem brauchen wir in Zeiten des Umbruchs, wie wir ihn gerade erleben, nicht brave, fantasielose Pflichterfüller, sondern Menschen, die innovativ sind, Verantwortung übernehmen und sich beteiligen. Die Aufgabe ist also, die dazu notwendigen Fähigkeiten zu steigern.

Eine krasse Fehlinterpretation wäre es nun allerdings, zu glauben, man könne diese Forschungsergebnisse dazu verwenden, um sich Arbeitnehmer zusammenzubasteln wie mit Legosteinen. Davor sei ausdrücklich gewarnt! Im Gegenteil: Durch diese neuen Einsichten kehrt die Verantwortung jedes Menschen für die Gestaltung seiner Mitwelt wieder zurück in das Herz der Überlegungen. Wenn Gefühle darüber entscheiden, wozu Menschen bereit und zu tun fähig sind, dann wird es nicht mehr sinnvoll sein können, Gefühle von Mitarbeitern einfach zu übergehen. Dasselbe gilt an Schulen, Universitäten und in Religionsgemeinschaften. Wenn ich will, dass etwas erreicht oder gelernt wird, dann werde ich mich zuerst um ein geeignetes Klima kümmern müssen, in dem so etwas überhaupt möglich ist. Diese Lehre ist aus diesen Forschungsergebnissen zu ziehen!

Wenn Menschen zuerst biochemisch auf Außenreize reagieren, die ihr Gehirn dann in positive oder negative Gefühle übersetzt, so kann die primäre Aufgabe nicht in der logisch brillanten Darstellung eines Sachverhaltes liegen. Zuerst ist ein positiver Gefühlsteppich zu schaffen, damit die Botschaft überhaupt durchdringen kann.

Diese Verantwortung liegt eindeutig vor allem beim Kommunikator und nicht allein beim Rezipienten. Das legen die verschiedenen Disziplinen der Neurophysiologie und anderer Naturwissenschaften nahe. So neu ist das freilich in Wahrheit nicht. Es ist uraltes Wissen, das etwas in Vergessenheit geraten ist. Neu ist lediglich die naturwissenschaftliche Beweisbarkeit.

Durch die Art und Weise, wie wir auf andere Menschen zugehen, greifen wir in deren Persönlichkeit ein. Das wurde bisher nicht einmal für möglich gehalten. Die Frage ist also immer, wie wir eine Beziehung gestalten und welches Verhalten wir etablieren wollen. Hier haben wir die Entscheidungsfreiheit. Das ist keine Einbahnstraße, aber es öffnet die Chance, das Klima des Miteinanders deutlich zu verbessern.

Die Säfte der Revisionsabteilung

Versuchen wir nun, ein Beispiel aus der Praxis eines Kulturdesigners zu analysieren.

Im Rahmen eines größeren Change-Prozesses, bei dem alle Mitarbeiter um ihre Meinung gefragt wurden und sich auch aktiv beteiligt hatten, kam die Geschäftsführung auf die Idee, eine Informationsveranstaltung für alle Mitarbeiter durchzuführen. Das Ziel dieser Inszenierung war es, ihnen den aktuellen Stand des Projektes zu vermitteln und jeder Abteilung ihre Aufgabe in Form eines „Mission-Statement" zu vermitteln.

Alles war wie aus dem Lehrbuch für ordentliches Change-Management durchgeführt worden. Ein Problem war deshalb nicht zu erwarten. Soweit die Theorie, doch kleine Fehler passieren immer. Hier bestand dieser Fehler aus einem einzigen Wort.

Die geplante Veranstaltung ging gut über die Bühne. Wenige Tage später jedoch zeigten sich schwere Unstimmigkeiten in der Abteilung „Policies & Standards". Finstere Bunkerstimmung breitete sich aus. Die Führung reagierte mit Unverständnis und Ratlosigkeit. Was war hier los? Mit dieser Abteilung war doch bisher alles in Ordnung! Man konnte sich keinen Reim aus der Veränderung der Situation machen.

Einige Wochen später wurde ein Seminar durchgeführt. Der Widerstand der Teilnehmer – alle kamen aus der genannten Abteilung – war unübersehbar. Nach und nach begannen sie zu erzählen, und mit einem Mal wurde klar, dass sie beleidigt worden waren. Sie fühlten sich erniedrigt und degradiert. „Wir waren immer ‚Policies & Standards‘, jetzt sind wir auf einmal eine Revisionsabteilung. Wir arbeiten aber nicht hinterher, sondern wir sind eine Serviceabteilung. Jetzt wird plötzlich von uns verlangt, die Kollegen zu kontrollieren!"

Irgendwie hatte es der Begriff „Revision" in das öffentlich verkündete „Mission-Statement" geschafft. Die „Revisionsabteilung" dominierte wochenlang das Denken und die Gesprächsthemen der Mitarbeiter. Ihre Leistung ging zurück, denn die Köpfe waren von dieser Zumutung bis oben hin angefüllt. Gegenseitig versicherten sie sich ihrer Wut und formierten sich zur Verteidigung ihrer Ehre zu einer „Wagenburg". An diesem Punkt war ihre Produktivität bereits messbar gesunken.

Als die Betroffenen schließlich gefragt wurden, wie sie sich selbst sehen würden, ob sie vielleicht eine Kontrollabteilung seien, nickten sie. Das war verblüffend. So stellte sich heraus, dass die Ursache der Aufregung auf ein einziges Wort zurückging: Revisionsabteilung! Mit „Revision" verknüpften sich bei ihnen Vorstellungen wie altbacken, vorgestrig, destruktiv, Kollegenschwein und Ähnliches. Sie sahen ihre Aufgabe jedoch darin, ihre Kollegen bei der Sicherung der Qualität ihrer Arbeit zu unterstützen. Inhaltlich gab es keine Differenzen, nur das Wort passte nicht zu ihrem Selbstverständnis.

Was war geschehen und was hätte die Führung besser machen können? Diese Abteilung hatte ausgesprochen gut gearbeitet. Das Missgeschick war einfach passiert. Es ist müßig, darüber nachzudenken, ob man das vielleicht geschickter hätte ausdrücken können. Hinterher ist man immer schlauer und solche Dinge kommen nun einmal vor, das ist kaum zu vermeiden.

Wenden wir zur Analyse der Situation die Ergebnisse der Neurowissenschaften an. In den Gehirnen der Mitarbeiter der Abteilung las das limbische System die Worte sozusagen dem Großhirn vor. Das limbische System vermutete einen Angriff in Form einer Degradierung und stellte den Neurotransmitterhaushalt auf Verteidigung. Die entsetzten Blicke, die sich die Leute zuwarfen, koordinierten augenblicklich die Gehirne und bewirkten binnen Sekunden die gemeinsame Abwehrhaltung. Der Dopaminspiegel aller Mitarbeiter sank blitzartig auf einen Tiefpunkt.

So entstand ein „allgemeines Gefühl", noch lange bevor es eine Meinung geben konnte. Diese bildete sich erst nach der Veranstaltung, als die Kollegen begannen, sich darüber zu unterhalten und aufzuregen. Die Gefühle schaukelten sich weiter hoch und die Dynamik der Gruppe verschärfte sich.

Die Kollegen schalteten durch den erlebten Schock – auch wenn dieser auf einem Missverständnis beruhte – auf den alternativen Metabolismus im Gehirn. Die Zusammensetzung der Neurotransmitter hatte sich in den Köpfen aller schlagartig verändert – die Menschen waren wirklich andere geworden! Durch die veränderte Konzentration der Säfte in ihren Körpern waren sie nicht mehr in der Lage, kooperativ zu denken. Sie schwammen plötzlich innerlich in Adrenalin, Noradrenalin und Cortisol. Diese verengten den Blickwinkel und schalteten die Automatismen der Verteidigung ein.

Dieser Mechanismus existiert, um uns zu schützen. Er ist für schnelle Reaktionen gedacht, wenn beispielsweise plötzlich ein wildes Tier hinter uns steht. Abgeschaltet wird dabei in Bruchteilen von Sekunden alles, was nicht unmittelbar gebraucht wird: das Immunsystem, die Verdauung und vor allem das bewusste Denken!

Schlussfolgerung: Menschen, die Stress haben, können zwar gut laufen und kämpfen, aber nicht mehr denken oder ruhig vor dem Computer sitzen. Es geht einfach nicht, auch wenn man auf sie einredet oder ihnen droht.

Mehr noch: Das negative Gefühl – das hier ja auf einem Irrtum beruhte – verknüpfte sich mit den Gesichtern der Führungskräfte. Auch das ist ein automatischer Vorgang des limbischen Systems und dem Bewusstsein nicht wirklich zugänglich. Erst durch die Kenntnis dieser Zusammenhänge wird verständlich, warum das Verhalten destruktiv wurde und die Produktivität sank.

Hätte die Führung Kenntnis von den neurophysiologischen Zusammenhängen gehabt, hätte sie sich leichter getan. Sie hätte sofort auf die Gefühlswelt der Mitarbeiter reagieren und in Dialog treten können. Dies war nicht geschehen, konnte aber – glücklicherweise – durch das Seminar entdeckt und korrigiert werden.

Der Schlüssel zum Engagement

Im Fall der Abteilung „Policies & Standards" war das Glück zu Hilfe gekommen. Voraussetzung für eine schnelle und glaubhafte Korrektur der bedrohlichen Entwicklung war, dass in diesem Unternehmen bereits vorher hohe Sensibilität für die Bedeutung der Mitarbeiter bestand. Es gab ein gut entwickeltes Klima des Vertrauens. Daran konnte später angeknüpft werden, weil schon ein Schatz an positiven Vorerfahrungen bestanden hatte.

Wo jedoch von vornherein Misstrauen herrscht, sind die Möglichkeiten der Klärung viel geringer. Wo Argwohn herrscht, wird mit Druck reagiert und einfach erwartet, dass die Mitarbeiter „spuren" – oder andersherum: dass die Führungskräfte klein beigeben. Dann verhärten sich regelmäßig Fronten und Gräben vertiefen sich. Wir wissen dank der Forschung, dass nicht Dummheit die Ursache dafür ist. Auch nicht der Charakter der Menschen, sondern der momentane Zustand ihrer Gefühlslage.

Ziel muss es sein, die Arbeitsfähigkeit aller möglichst hoch zu halten. Dazu braucht es Bestätigung, Lob und Anerkennung. Auf solch einfache Mittel reagiert unser Gehirn positiv. Sie verankern sich in Gehirn und limbischem System, werden aber mit positiven Gefühlen verknüpft. Den Neurotransmittern kommt dabei eine der Hauptrollen zu. Je mehr Dopamin ein Verhalten oder eine Entscheidungsalternative auslöst, umso sicherer wird sie gewählt. Das bedeutet, dass es Aufgabe der Führung ist, den Pegel an Dopamin in ihren Mitarbeitern möglichst hoch zu halten.

Dopamin ist die Währung für unsere Erfahrungen. Mit diesem Stoff werden Zustimmung, Ablehnung oder auch Engagement und Motivation gehandelt.

Wer als Führungskraft Engagement und Motivation für eine Bringschuld der Mitarbeiter hält, hat damit den Kardinalfehler bereits begangen und erleidet Schiffbruch. Wird zudem deren Würde verletzt, schläft der Marktplatz augenblicklich ein, auf dem positive Gefühle gegen Leistung getauscht werden.

Vorgesetzte müssen sich deshalb darüber klar werden, wie ihre Mitarbeiter ihr Führungsverhalten wahrnehmen. Dazu müssen Fremdbild und Selbstbild in Übereinstimmung kommen. Möchte man Mitarbeiter haben, die engagiert arbeiten, mit denen die Kommunikation gut funktioniert, die innovativ sind, untereinander kooperieren und im Sinne des Unternehmens mitdenken, dann muss man dafür sorgen, dass sie und ihre Gehirne dazu auch in der Lage sind. Das ist die Schuldigkeit guter Führung.

Wird diese Verantwortung nicht zu groß? Was muss man nicht noch alles im Blickfeld haben? Wenn ein Mitarbeiter vor mir steht, wer ist das dann? Und wie viele sind der? Muss ich mich jetzt mit jeder Teilpersönlichkeit einzeln beschäftigen?

Befürchtungen dieser Art sind unbegründet, doch die Voraussetzungen müssen stimmen. Benötigt wird vor allem ein Klima, in dem Miteinander und Begeisterung wachsen und gedeihen können. Es braucht eine gesunde und starke Unternehmenskultur!

Es ist Führungsverantwortung, die Möglichkeit dafür herzustellen. Dafür zu sorgen, dass eine Kultur entsteht, in der man gerne arbeitet und aufeinander achtet, in der die Arbeit für jeden Mitarbeiter persönlichen Sinn ergibt und unter dem Strich für jeden eine subjektiv positive Energiebilanz entstehen kann. Eine Kultur, in der Missverständnisse und Konflikte nicht unverzüglich mit Angst und Abwehr beantwortet werden, sondern mit Verständnis und Neugier.

Ziel von guter Führung muss es sein, ein Klima wachsen zu lassen, in dem sich die Mitarbeiter bereits am Sonntagabend auf den Montag freuen. Und das jede Woche aufs Neue.

VI. Kultur ist Betriebssystem und Kitt der Gemeinschaft

„There is no such thing as society!" Was Margaret Thatcher wirklich meinte, als sie diesen Satz 1987 in einem Interview mit „Women's Own" aussprach, wird bis heute diskutiert. Tatsache ist, dass ihr Gedanke begierig aufgenommen wurde und enorme Wirkung entfaltete. Vom Zusammenhang blieb allerdings nur die Vorstellung von Menschen als bloßer Ansammlung egoistischer Individuen. In dieser Idee von einem Haufen selbstzentrierter Egomanen kämpft jeder gegen jeden, um kleine Vorteile für sich zu ergattern.

Diese Vorstellung entwickelte sich zur Leittheorie und Handlungsbasis der Betriebswirtschaft. Das Konstrukt der „Ich-AG" erblickte das Licht der Welt und erlangte im Verlauf von nur zwanzig Jahren den Status einer nahezu unumstößlichen Wahrheit.

Wenn es keine Gesellschaft gibt, sondern nur Individuen, so dachte man, dann bräuchte man sich auch nicht um die Gesellschaft zu kümmern. Warum also Verantwortung übernehmen? Dass auch solche Ansichten nur innerhalb einer Gesellschaft funktionieren können, fiel nicht sonderlich auf. Wie sollte denn einer dem anderen etwas weitererzählen können, wenn tatsächlich keine Gesellschaft existierte?

Berechenbarkeit und Kontrolle kondensierten zu Tugenden. Denn, so die in sich völlig logische Schlussfolgerung, Egozentriker hätten wegen ihrer Ich-Sucht die Neigung, aus jeder Kooperation auszubrechen. Engagieren würden sie sich ausschließlich für sich selbst. Man müsse ihnen ständig auf die Finger schauen und hauen. Anders wären sie nicht zu koordiniertem Handeln zu bewegen. Da war sie also wieder, die Theorie X, die Douglas McGregor beschrieben und abgelehnt hatte. Nach dieser haben Menschen eine natürliche Abneigung gegen Arbeit und müssen gezwungen, gelenkt und bestraft werden, um zu produktiven Beiträgen überhaupt in der Lage zu sein.

Bei der Verbreitung dieses fatalen Denkmodells halfen zwei Phänomene:

- Erstens erhält alles, was oft gehört wird, psychologisch schnell den Anschein einer Wahrheit.
- Zweitens stellt die scheinbare Objektivität von Zahlen und Algorithmen eine große Verlockung dar.

Der Haken ist nur, dass wir es hier mit einer Theorie zu tun haben, die der Wirklichkeit widerspricht. Die Natur des Menschen verhält sich genau entgegengesetzt: Sie ist von Kooperation dominiert. Zwingt man sie jedoch in ein ihr wesensfremdes Korsett, wehrt sie sich. Erst dann schaltet die menschliche Psyche in den Rette-sich-wer-kann-Modus.

Die Folgen dieses in die Unternehmensrealität verfrachteten Denkfehlers zeigen sich im erschreckenden Niedergang des Engagements. Das menschliche Gehirn reagiert mit Stress und Verteidigung, wenn es mit Forderungen konfrontiert wird, die seinem Grundauftrag widersprechen. Und dann bleiben Leistung und Kreativität sofort auf der Strecke.

Kultur hält uns zusammen

Vögel fliegen, Fische schwimmen und Menschen bilden Gemeinschaften mit einem starken Gefühl der Zusammengehörigkeit. Eigentlich ist es so einfach!

Menschen haben immer Gemeinschaften gebildet und werden es immer tun. Wir alle leben in Gemeinschaften. Sie entsprechen unserer natürlichen Ausstattung als einer Art Lebewesen, die dazu bestimmt ist, in Gruppen oder Rudeln zu leben. Wir können nicht anders. Wir suchen Sicherheit und Bestätigung bei anderen Menschen. Das gilt völlig unabhängig von Status, Erziehung oder Herkunft. So entstehen zunächst kleine, dann immer größere Kulturen.

Gemeinsame Werte und Überzeugungen halten uns zusammen, unterscheiden uns von anderen Gruppen und geben dem Individuum Halt.

Bereits in den 1990er-Jahren untersuchte der britische Verhaltensforscher Desmond Morris das Zusammenleben von Menschen in großen Städten. Er wollte wissen, wie Menschen es schaffen, in Ballungsräumen zu leben. In Orten, wo sie einander nicht kennen. Wie, so fragte er sich, ist es einem solchen Wesen möglich, in Großstädten zu leben, ohne sich dabei ständig bedroht zu fühlen oder krank zu werden?

Dabei machte Morris die Entdeckung, dass Stadtbewohner einander gar nicht wahrnehmen. Auf einer belebten Straße gehen sie achtlos aneinander vorbei, als wären das keine Menschen. Städter nehmen Menschen, die sie nicht kennen, gar nicht als Lebewesen wahr. Jeder Kontakt wird vermieden. Darin einen Beweis dafür zu sehen, dass wir egoistisch seien, wäre jedoch vollkommen falsch.

Jeder von uns lebt in Strukturen, in denen er sich uneigennützig verhält. Wir haben Freunde, gute Bekannte und Familie. In Gruppen teilen wir Interessen, Vorlieben, Meinungen und Hobbys. Die Namen der Mitglieder dieser Gruppen finden sich in unseren privaten Telefonbüchern. Untersuchungen ergaben, dass es sich dabei insgesamt um zwischen etwa zwanzig bis maximal einhundertfünfzig Personen handelt. Sie bilden sozusagen unsere individuelle Dorfgemeinschaft.

An dem Prinzip, dass wir um uns herum eine Gemeinschaft dieser Größenordnung brauchen, hat sich seit Hunderttausenden von Jahren nichts geändert. Nur werden wir nicht mehr in ein Dorf hineingeboren, sondern wir wählen unsere Freunde im Lauf unseres Lebens aus. Doch ebenso wie im Dorf fühlen wir uns unter ihnen aufgehoben und geborgen. Solche Gruppen schenken uns Sicherheit. Auf sich allein gestellt, können Menschen unter natürlichen Bedingungen gar nicht überleben.

Wir brauchen die Gemeinschaft. Wir müssen uns irgendwo eingebunden fühlen. Wo das fehlt, überfallen uns Ängste.

Auch ein Unternehmen ist eine solche Gemeinschaft, in der wir Zeit und gemeinsame Arbeit teilen. Größere Unternehmen bestehen aus sehr vielen solcher mentalen Dorfgemeinschaften und miteinander verknüpften tribalen Strukturen, so etwas wie miteinander verwobenen virtuellen Stammesgesellschaften. Wie die Einwohner einer Stadt bilden Mitarbeiter eines Unternehmens keine amorphe Masse, sondern ein komplexes Gemenge von Gemeinschaften. Jede von ihnen zeichnet sich durch spezifische kulturelle Merkmale aus.

An diesen Merkmalen erkennen sich die Mitglieder dieser Gemeinschaften untereinander und grenzen sich gegen andere Gruppen ab. Kleidung, Frisuren, bestimmte Sprechweisen, spezielle Körperhaltungen oder Bewegungen, auch die Verwendung von Farben – alles kann zur Differenzierung herangezogen werden und aus allem kann ein Unterscheidungsmerkmal konstruiert werden.

Je genauer man hinsieht, umso mehr solcher Merkmale kann man entdecken. Nicht alles ist offensichtlich, manches auch nur dem Wissenden erkennbar. Dazu gehören die Feinheiten oberschichtigen Humors oder Handzeichen in Banden, wie der französische Philosoph Pierre Bourdieu es so eindrucksvoll beschrieben hat. Die einen tragen Schals mit Vereinsfarben und gehen auf den Fußballplatz, die anderen kleiden sich in Abendroben und treffen sich in Bayreuth.

Sie alle eint das Bedürfnis, sich mit Gleichgesinnten zu formieren. Sie geben sich gegenseitig die Sicherheit, das Richtige zu tun sowie gemeinsam und als Individuum Bedeutung zu haben. Sie fühlen sich stark, wenn sie gemeinsam auftreten oder wenn sie unter sich sind.

Der Mensch sei geradezu *„zwanghaft tribal"*, meint dazu Desmond Morris. Er spricht ausdrücklich von „Stammesgesellschaften". Beobachten wir uns selbst mit dem geschulten Blick des Biologen, so ist nicht zu übersehen, dass wir tatsächlich alles tun, um irgendwo dazuzugehören, Teil von etwas Größerem zu sein. Warum sind wir so? Die kurze Antwort ist, dass wir uns so verhalten, weil wir soziale Wesen sind. Wir sind eben nicht wie Braunbären, die sich einmal im Jahr zur Paarung treffen und ansonsten von ihren Artgenossen in Ruhe gelassen werden wollen.

Wir sind Menschen und leben in Gruppen. Als die Geschwindigkeit der Verbreitung des Internets zunahm, wurde befürchtet, dass wir zu Wesen degenerieren könnten, die nur noch allein im dunklen Keller vor Bildschirmen sitzen. Man hatte Angst, dass uns das Internet zu völlig homogenisierten Science-Fiction-Zombies machen würde.

Heute sehen wir, dass das nicht so ist. Social Media schufen nur neue Möglichkeiten, sich zu vernetzen. Der Erfolg von Facebook und Twitter beweist es, egal, ob es sich um Börsenkurse, Fahrradreparatur oder die Spaßreligion des Spaghettimonsters handelt. Über das Internet vereinen sich Menschen mit gleichen Interessen. Diese Interessengruppen und ihre Ideen können plötzlich große Kraft bekommen, wenn Flashmobs und politische Proteste sich mit rasender Geschwindigkeit organisieren.

Die Methoden und die Medien ändern sich. Das Muster bleibt immer gleich: Menschen kommen zusammen, weil sie es wollen. Weil wir so konstruiert sind! Jede Gruppe besitzt ein spezifisches Konglomerat an Werten, an denen man sie erkennen kann. In ihnen findet sich neben den erwähnten Codes auch das, was gemeinsam für richtig oder falsch gehalten wird, was man liebt und was als fremd angesehen wird. Hier ist verankert, in welcher Form und durch welche ritualisierten Handlungen die Gemeinschaft bekräftigt wird, wie sie sich nach außen zeigt und vieles andere mehr.

Die gemeinsame Kultur einer Gruppe ist ein Konglomerat von Werten und Normen. Diese Kultur definiert das Wesen einer tribalen Struktur. Im Individuum steht auf der einen Seite das Bedürfnis nach Gemeinsamkeit und Sicherheit, auf der anderen Seite aber auch das Bedürfnis nach individueller Bedeutung. Beide Bedürfnisse werden von tribalen Strukturen befriedigt. Der Kitt, der die Individuen in Gruppen beieinander hält, ist die gemeinsame Kultur!

Ohne diesen Kitt gäbe es keine Fußballvereine, keine Unternehmen und keine Staaten. Andersherum: Wer das Verhalten von Menschen ändern will, muss sich eingehend mit diesem Kitt, mit der geltenden Kultur beschäftigen. Sonst läuft er Gefahr, die Kultur gegen den Strich zu bürsten und kollektiven Widerstand zu entfesseln.

Territorium und Hierarchie

Wie alle sozialen Wesen suchen wir in der Gruppe Sicherheit. Diese Sicherheit kann durch ein *Territorium* hergestellt werden. Das kann entweder ein geografisches Territorium sein, wie bei einer Straßengang, oder ein geistiges Territorium, wie in einem literarischen Zirkel. Stets wird ein Gebiet geschaffen, das den Mitgliedern ausreichende Sicherheit bietet, um sich wohlfühlen zu können.

> *Das Territorium bestimmt, wo wir hingehören. Es ist die sichere Rückzugsbasis für die Gruppenmitglieder. Es ist egal, ob es aus einem Raum, einer Idee oder einer Kompetenz besteht. Das Territorium definiert Selbstwert und Position der Gruppe als Ganzes und jedes Mitgliedes. Bei einem Angriff wird es deshalb auf das Heftigste verteidigt.*

Das erklärt die meisten Schwierigkeiten, die beispielsweise bei der Fusion von Abteilungen oder Unternehmen auftreten. Führungskräfte wissen häufig nicht genug über diese Zusammenhänge. Sie unterliegen deshalb dem Irrtum, zu glauben, es sei ausreichend, den Mitarbeitern Ziele vorzugeben. Dann geschieht es sehr leicht, dass die Art der Kommunikation nicht zum Selbstverständnis des mentalen Dorfes passt. Entschlossener Widerstand ist dann nicht vermeidbar.

Das zweite beobachtbare Phänomen neben dem Territorium ist die *Hierarchie*. Immer gibt es jemanden, der entweder das Sagen hat oder dessen Meinung am meisten gilt. Jemand, dem die anderen folgen. Auch das ist ein archaisches Grundmerkmal des Menschen.

Menschen brauchen Orientierung, um sich sicher fühlen zu können. Aus der Orientierung ergibt sich die Richtung ihres Handelns. Die Verantwortung dafür wird in menschlichen Gesellschaften immer bestimmten Personen übertragen. Dieses Muster folgt dem Prinzip der Arbeitsteilung in Teams.

Als Ur-Team kann man beispielsweise eine Jägergruppe in der Savanne verstehen. Das waren keine Herden, sondern Gruppen, die organisiert und arbeitsteilig gemeinsam den Erfolg suchten. Diese Fähigkeit zur organisierten Kooperation war es, die den Menschen in der Evolution erfolgreich machte. Eine Spezialaufgabe in solchen Jägerteams war die Bereitstellung von Orientierung. Behält einer den Überblick und organisiert das gemeinsame Vorgehen, können sich die anderen auf die Jagd – oder was immer – konzentrieren. Voraussetzung dafür ist unbedingtes Vertrauen. Auch hierin verhalten wir uns genauso wie unsere Vorfahren.

Verlor ein Häuptling (frz.: le chef) früher das Vertrauen seiner Gruppe, wurde er – falls er Glück hatte – wieder zurückgestuft und ein anderer trat an seine Stelle. Hatte er weniger Glück, wurde er ausgestoßen oder getötet. Vertrauen und Hierarchie gehören also unbedingt zusammen. Führung darf natürlich nicht beim ersten Missgeschick mit dem Untergang des Chefs enden. Der Dialog war deshalb immer schon die Basis guter Führungsarbeit. Ohne Dialog kann es kein Vertrauen geben.

Im Laufe der Geschichte der Menschheit wurden die Gemeinschaften immer größer. Die Regeln wurden zwar nicht außer Kraft gesetzt, doch es kamen Ausweichstrategien hinzu, um die Führung größerer Menschenmengen zu ermöglichen. Eine davon ist das Erzeugen von Angst und Stress. Das hat allerdings seinen Preis: Angst schickt die Produktivität unverzüglich in den Keller! Menschen, die aus Angst Gefolgschaft leisten, sind in ihrer Leistung immer schon sehr zurückhaltend gewesen.

Begeisterung, Kreativität oder Loyalität können durch Furcht nicht entfacht werden. Auch daran hat sich nichts geändert!

Die Geschichte ist voller Beispiele, in denen sich beide Modelle gegenüberstanden. Sie endeten mittelfristig immer mit dem Untergang des Angst- und Zwangssystems. Zu den ältesten historischen Beispielen gehören die Kriege zwischen Persen und Hellenen. Der geschulte Teamgeist der Griechen stand damals dem persischen System der Zwangsrekrutierung und der Söldner gegenüber. Trotz zahlenmäßiger Unterlegenheit siegten die Griechen. Ein weiteres Beispiel sind die Revolutionstruppen Napoleons. Er war ein Meister der Begeisterung seiner Truppen. Sie fühlten sich als eine große Gemeinschaft und folgten ihm bis Waterloo. Dass Napoleon letztlich unterging, war nicht einem Mangel an Begeisterung geschuldet, sondern seinem System der Kriegswirtschaft, welches das Imperium ausblutete.

Es gibt auch Historiker, die einen nicht unwesentlichen Grund der deutschen Niederlage im Zweiten Weltkrieg in der Verwendung von Zwangsarbeitern in der deutschen Industrie sehen. Die waren zwar auf den ersten Blick billig, erbrachten aber mangels Motivation und Engagement hohe Fehlerquoten. Die Produktivität der deutschen Industrie war extrem niedrig. In den USA hingegen wurde freiwillig und mit viel Engagement gearbeitet. Jeder Arbeiter lebte im Bewusstsein, die Jungs da draußen zu unterstützen. Das war eine wesentliche Basis für die überlegene Produktivität der amerikanischen Kriegsindustrie.

Im zivilen Bereich hätten unter Zwang und Angst niemals Pyramiden oder Kathedralen erbaut werden können. Auch die Landung auf dem Mond, bei der etwa vierhunderttausend Menschen zehn Jahre koordiniert zusammengearbeitet haben, wäre kaum möglich gewesen unter Bedingungen der Angst.

Sowohl das Team als Arbeitseinheit als auch die Bildung von mentalen Dorfgemeinschaften mit ihren räumlichen oder geistigen Territorien und ihren Hierarchien sind Teil der stammesgeschichtlichen menschlichen Grundausstattung.

Die Macht der Organisationskultur

Die Kultur hält eine Gemeinschaft nicht nur zusammen, sondern ihre Bedeutung ist weit größer.

> *Die Kultur entscheidet zu einem guten Teil, wie die Mitglieder einer Gemeinschaft wahrnehmen, welche Haltungen sie entwickeln können und welche Gefühle von bestimmten Situationen ausgelöst werden können. Kultur ist das Betriebssystem unseres sozialen Lebens.*

Die IT-Welt versteht unter dem Betriebssystem die Nahtstelle zwischen der Hardware und den Anwendungsprogrammen des Nutzers. Es verwaltet die Systemressourcen des Computers und stellt sie zur Verfügung. Seine Aufgabe besteht darin, Programme zu laden, auszuführen, zu unterbrechen, Prozessorzeit zuzuteilen, Arbeitsplatz zu verwalten und den Betrieb der angeschlossenen Geräte wie Drucker oder Bildschirm zu gewährleisten. Passt ein Programm nicht zum vorhandenen Betriebssystem, dann läuft es einfach nicht oder es produziert Fehler und Abstürze.

Für das Leben in einer Organisation hat die Kultur eine ähnliche Aufgabe und ist deshalb von enormer Bedeutung. Auch hier stürzen Aufgaben und Prozesse, die zu diesem „sozialen Betriebssystem" nicht passen, einfach ab oder produzieren Fehler.

Dies musste auch der Direktor eines Energieversorgers feststellen. Sein Auftrag war es, den Betrieb zu „modernisieren". Darunter wurde verstanden, diesen traditionsreichen technischen Betrieb dem Primat der Betriebswirtschaftslehre zu unterwerfen. Abteilungen sollten künftig gegenseitig Leistungen verrechnen, sich als „interne Kunden" sehen und Kontrollsysteme verwenden. Man schrieb Ziele vor, wie „Preisführerschaft" und „Kostenminimierung".

Jedes Ziel war gut begründet und es gab auch keinen prinzipiellen Grund, sich dagegen aufzulehnen. Trotzdem entfesselte sich der Sturm des Widerstandes, der viele Jahre andauerte und enorme Mittel verschlang. Die Ursache für den massiven und anhaltenden Widerstand war, dass die neuen Regeln nicht zur bestehenden Kultur passten, denn es galt traditionell der Primat der Technik. Die Techniker waren stolz auf geringe Fehlerquoten und einwandfreies Funktionieren ihrer Anlagen. Die sogenannte „Mannsicherheit" war immer oberstes Gebot gewesen.

Nun wurde ihnen vorgerechnet, dass es besser sei, Strommasten nicht vor ihrem Verfallsdatum zu tauschen. Sollte dadurch Schaden entstehen, so kämen Strafen und Wiedergutmachung des Schadens billiger, als präventiv dafür zu sorgen, dass nichts geschehen könne. Es wurde ihnen tatsächlich gesagt, der Tod eines von einem morschen Mast erschlagenen Bauern sei wirtschaftlicher, als vorher für Sicherheit zu sorgen!

Das verletzte nicht nur den Kern ihres Stolzes. Sie konnten es auch nicht verstehen, denn es widersprach allem, was bisher gegolten hatte. Niemand kümmerte sich um die Gefühle der Menschen, um ihre Kultur oder um ihren Ehrenkodex. Sie wurden zwar informiert, aber es wurde nicht kommuniziert. Niemand fühlte sich verantwortlich dafür, ob sie überhaupt in der Lage waren, die Weisungen vor dem Hintergrund ihrer spezifischen Traditionen zu verstehen.

Die bestehende Organisationskultur war bereits sehr alt. Sie baute auf persönlichen Beziehungen auf. Es herrschte ausgeprägter Corpsgeist und man half sich gegenseitig, wenn es nötig war. Zudem war Führung bisher nie das Thema gewesen. Die Abteilungsleiter agierten eher wie Bürovorsteher. Von Führung hatten sie zwar etwas gehört, aber nie erfahren, was das sein könnte. Vorbilder fehlten vollkommen.

Die Direktion sah das alles nicht. Immerhin wurde erkannt, dass die Führungskräfte Unterstützung brauchten. Also bestellte man eine Reihe von Management-Trainings und gab den Trainern den Auftrag, dass der neue Stil binnen zwei Monaten zu funktionieren habe. Damit waren Aufgaben delegiert, die einfach nicht delegierbar sind. Führung hat in der mentalen Dorfgemeinschaft einer Kultur die Aufgabe, für Sicherheit und Orientierung zu sorgen. Hier geschah genau das Gegenteil. Die Führung verunsicherte extrem und die Leute verloren vollkommen die Orientierung. Da kann auch der beste Management-Trainer nichts ausrichten.

Die Direktion wollte das Problem so schnell wie möglich vom Tisch bekommen. Deshalb suchte sie nach einer Abkürzung und delegierte die Aufgabe an Externe. Damit, so glaubte sie, sei die Sache erledigt. Sollte es nicht klappen, konnte das nur die Schuld der Externen sein. Theoretisch war das Problem damit gelöst. In der Praxis aber funktionierte es nicht. Also wurden die Trainer häufig gewechselt und die Reihe der solcherart schuldig Gesprochenen immer länger. Das Problem selbst blieb bestehen.

Der Fokus der Direktion war allein auf der Herstellung der „richtigen Zahlen" innerhalb möglichst kurzer Zeit gelegen. So kam es, dass die „Seele der Organisation" keine Zeit fand, um ankommen zu können. Natürlich scheiterte dieser Versuch.

Weil in der Chefetage nicht verstanden wurde, dass sie hier die innersten Werte einer alten und sehr gut verankerten Kultur angegriffen hatte, suchte der Direktor nach Schuldigen für den Misserfolg. Er fand den Fehler nicht bei sich selbst, sondern bei den Abteilungsleitern, die er nun als unwillig und „impermeable Schicht" diffamierte. Hatten sie doch, so vermutete er, die Wünsche der Direktion nicht an die Mitarbeiter weitergegeben.

Tatsächlich hatten die Abteilungsleiter gar nicht verstehen können, was von ihnen verlangt worden war. Sie spürten nur, dass es um einen radikalen Schwenk ging, den ihre Mitarbeiter niemals akzeptieren würden. Es war ihnen daher unmöglich gewesen, die Wünsche der Direktion einfach auszuführen.

Nun versuchte die Direktion, Bewegung mit Mitteln der Gewalt zu erzwingen. Abteilungen und Teams sollten zerschlagen werden. Damit steigerte sich der Stress bei den Mitarbeitern. Schließlich fiel die gesamte Organisation quasi in den Stoffwechsel der zweiten Ordnung. Innerlich wurde dem Direktor die Gefolgschaft aufgekündigt und er wurde fortan als Feind betrachtet.

Auch das löste das Problem nicht, schuf aber für die Mitarbeiterschaft die dringend notwendige Stabilität in ihren Werten. Dass all das, was sie ihr Leben lang getan hatten, plötzlich falsch gewesen sein sollte, hielten sie nicht aus. Das hätte ihren Stolz und ihren Lebenssinn zerstört. Doch mit dem „Wissen", dass der Direktor ein bösartiger Feind war, konnten sie gut leben. Sie selbst blieben ja die Guten und der Direktor galt fortan als verrückt und hinterhältig!

Die Kreativität im Haus stieg steil an. Allerdings nicht so, wie beabsichtigt. Der gesamte verfügbare Erfindungsreichtum wurde eingesetzt, um sich vor der eigenen Direktion zu schützen. Manche Abteilungen erreichten darin ungeahnte Perfektion und integrierten diese neue Findigkeit in die Kultur ihrer Abteilung. Manche übertrieben ihre Unterwerfung und entwickelten eine Art vorauseilender Fantasien. Sie versuchten, Wünsche des Direktors zu erfüllen, die dieser noch nicht einmal gedacht hatte. Immer wieder lagen sie damit schief. Auch solche vorauseilende Aktivität macht Abteilungen unberechenbar. Wieder andere Gruppen stellten das Mitdenken einfach vollkommen ein.

Die Ungeduld und die unreflektierte Vorgehensweise hatten die Belegschaft nicht in eine neue Welt geführt, vielmehr war dadurch ein ursprünglich ziemlich homogen getaktetes Ganzes in eine Vielzahl unkoordinierbarer Teilkulturen zersplittert.

Die Direktion verstand immer noch nicht, womit sie es hier zu tun hatte. Sie setzte auf die weitere Erhöhung des Drucks, jedes Mal stieg aber auch der Gegendruck. Nach und nach ermatteten die Kräfte. Schließlich ließen auch die engagiertesten unter den noch verbliebenen Führungskräften die Hände in den Schoß fallen und stellten jedes Mitdenken ein. Sie kündigten innerlich und nahmen dabei jeweils ihre ganze Abteilung mit.

Aus Menschen, die sich ursprünglich durch höchste Loyalität und Engagement in ihrem Unternehmen ausgezeichnet hatten, war nun ein in sich gespaltener Haufen geworden, in dem das Misstrauen regierte. Eine Misstrauenskultur war entstanden und hatte sich etabliert.

Die Chefetage hatte einfach nicht begriffen, dass die alte Kultur auch eine Unterstützung hätte sein können. Man hätte sich zu Beginn nur etwas mehr Reflexion gönnen und dem sozialen Prozess genügend Zeit geben müssen. Stattdessen fühlte sich die Direktion durch den Widerstand bedroht. Die Eigenzeitlichkeit von sozialen Prozessen wurde verkannt und man glaubte, die Dinge erzwingen zu können. Damit wurde jedoch nur erreicht, dass – beginnend mit dem Direktor – sämtliche Mitglieder der Führungselite wie Verräter am eigenen Dorf angesehen wurden.

So entstand zwar eine andere Kultur, doch diese war eine Misstrauenskultur. Die Organisation hatte gelernt. Jetzt wusste sie, wie fast jeder Wunsch der Unternehmensleitung unterlaufen werden konnte. Es kam zu Folgekosten in enormer Höhe!

Beispiele dieser Art finden sich sonder Zahl in den verschiedensten Unternehmen. Überall entstehen gewaltige Kosten, weil die Gesetze der Organisationskultur nicht beachtet werden. Hier noch weitere kleine Kostproben:

Da gibt es die Geschichte von einem Familienunternehmen, das zu einem internationalen Konzern herangewachsen ist, aber die Familientradition immer noch hochhält. Das machte Probleme, denn die Tradition der Familie eignete sich nicht dafür, einen internationalen Konzern zu leiten, der die verschiedensten Kulturen des Globus umspannt. Also suchte man nach einer schnellen Lösung und verkündete Slogans wie „Klarheit statt Harmonie". Es wurde jedoch dabei übersehen, dass das der Kultur eines auf Harmonie aufgebauten Familienunternehmens widersprach. Orientierungslosigkeit, Widerstände und Gleichgültigkeit waren die Folge.

Eine weitere Geschichte ereignete sich in einer großen sozialen Betreuungsorganisation. Ein Anhänger neoliberaler Ideen wurde als Geschäftsführer engagiert und griff mit eiserner Hand durch, um ein strukturiertes Bild der Organisation durchzusetzen. „Professionalität" und „Transparenz" wurden propagiert und als Waffe gegen unliebsame Mitarbeiter verwendet. Manipulation, falsche Versprechungen, rasender Wechsel von Strategie und Führungsverhalten bestimmten den Alltag. Fairness wurde dagegen kleingeschrieben. Dadurch stieg nicht nur der Verwaltungsaufwand, auch die Kosten explodierten und Spender sprangen in Massen ab. Die Geschäftsführung starrte auf ihr ökonomisches Modell und sah nur auf diesem Auge, für alles andere war sie blind. Sie bedrohte und kündigte jeden, der es wagte, Einwände zu erheben. In der Folge breitete sich die Ruhe eines Friedhofes aus und die Qualität der Betreuung wurde immer schlechter.

Da gibt es auch noch jenes Medienunternehmen, in dem die Führungsmannschaft mit ständigen Beförderungen und Degradierungen die Orientierung der Belegschaft zerstörte. Diese organisierte sich daraufhin und zwang die Geschäftsführung bei nächster Gelegenheit in die Knie. Nun wusste man, wie die Geschäftsführung ausgebremst werden konnte, und entwickelte darin großen Fleiß.

In all diesen Fällen sind es nicht Einzelne, die sich gegen bestimmte Handlungen oder Personen wenden. Es ist das verordnete Programm, das auf dem Betriebssystem dieser konkreten Kultur einfach nicht laufen kann. Die Software blockiert, stürzt ab oder macht unvorhergesehene Bocksprünge. Das angestrebte Ziel wird nicht erreicht.

Zu keinem Moment ist es deshalb so wichtig, auf Stabilität in diesem Bereich zu achten, wie in Zeiten der Veränderung. Wer etwas verändern will, muss sich in erster Linie auf das konzentrieren, was stabil bleibt. Stabilität mit Starrheit zu verwechseln wäre allerdings ein großer Fehler. Stabilität bedeutet, sich auf eine Veränderung gefahrlos einlassen zu können. Da dieses Gefühl sehr eng mit der geltenden Kultur und ihren Werten verknüpft ist, ist diese der erste Ansprechpartner für jede erfolgreiche Veränderung.

Vertrauen zuerst

Kommt es zu einer Auseinandersetzung zwischen Führungskräften und der Organisationskultur, dann erweist sich letztlich diese immer als stärker. Allein deshalb, weil sie mehr Masse hat. Sowohl, was die Anzahl der Köpfe anbelangt, als auch, was die Geschichte betrifft.

Organisationskultur kommt immer aus der Geschichte der Organisation. Sie ist geronnenes Wissen über den Umgang mit Problemen aller Art. Über Erzählungen verbreitet sie sich spontan und springt mühelos von einer Generation zur nächsten.

Der hohe Prozentsatz an gescheiterten Projekten, misslungenen Veränderungsversuchen, all die Blockaden und Verweigerungen, die von Führungskräften beklagt werden, all die Müdigkeit, der Vertrauensschwund und diese Wüste der Demotivation, die man in vielen Unternehmen vorfindet: Sie alle haben in Vorgängen ihren Ursprung, welche die Macht der geltenden Kultur missachteten. Erfolgreiche Veränderung verlangt Respekt vor der bestehenden Kultur und vor den in ihr geltenden Werten.

Der erwähnte Fall des Versorgungsunternehmens war mit dem Ausscheiden des Direktors noch nicht zu Ende. Dessen Nachfolger trat mit dem Wunsch an, eine klare und eindeutige Kultur der Gemeinsamkeit zu schaffen. Die Arbeit begann mit der Erfassung der Situation. Das Unternehmen, so sagte er, ist nicht mehr steuerbar. Manche Abteilungen interpretierten die Wünsche der Führung sehr eigenwillig und vor allem sehr unterschiedlich. Gelegentlich gab es Reaktionen auf bloße Gerüchte, welche die Bewegungsfähigkeit einschränkten. Es kam zu Reaktionen, deren einziger Auslöser die Fantasie war.

Hier lag ein *horizontales Schisma* vor. Ein solches Schisma bedeutet die Exkommunikation der Führungsmannschaft durch die Mitarbeiter. Die Verbindung zwischen der Direktion und den Mitarbeitern war beim Vorgänger gerissen. Das Misstrauen war in die Kultur eingegangen und lebte weiter, obwohl die Personen gewechselt hatten. Mitarbeiter und rangniedere Führungskräfte lebten in der Überzeugung, dass „die da oben" Entscheidungen rücksichtslos träfen und dass ihnen die Mitarbeiter vollkommen egal seien. Sie sahen überall nur Tricks, um aus den Arbeitnehmern noch mehr Leistung herauszuquetschen und gleichzeitig Personal einzusparen.

In Gesprächen mit den Mitarbeitern sollte in Erfahrung gebracht werden, was diese am meisten benötigten. Aus ihren Anmerkungen ging hervor, dass sie die Geschehnisse der letzten Jahre vor allem als Erniedrigung und Entwürdigung erlebt hatten. Sie lebten im Gefühl, keinen Wert zu haben. So verteidigten sie sich gegen ein Unternehmen, das sie erniedrigt, entwürdigt und beschämt hatte. Sie wünschten sich die alte Gemeinsamkeit zurück. Auch ihre im Untergrund immer noch fortbestehende alte Kultur verlangte danach. Es gab also keinen Widerspruch zu dem Ansinnen des neuen Direktors.

Es ging darum, eine geeignete Brücke zu schaffen, über die sich beide einander nähern konnten. Das Vertrauen musste unbedingt wiederhergestellt werden. Das war nur möglich, wenn die Mitarbeiter miteinbezogen und ernst genommen würden. Nur wie kommt man dahin?

Da Mitarbeiter und rangniedere Führungskräfte der Überzeugung waren, dass oben Entscheidungen rücksichtslos getroffen würden, war der direkte Weg ausgeschlossen. Gemeinsam mit der Direktion wurde das Design einer Kultur des künftigen Miteinanders für das Unternehmen entwickelt. Es sollte wieder von Vertrauen und Engagement getragen sein. Dabei wurde besonders auf die alten Wertvorstellungen geachtet, die auch in der neuen Kultur hilfreich sein würden. Selbst der alte Corpsgeist bekam so wieder seinen Stellenwert.

Das Projekt setzte auf zwei Ebenen an. Auf der einen Ebene sollten die Mitarbeiter selbst beschreiben, was sie gerne verbessern würden. Dazu gab es zunächst die Grundsatzerklärung des Direktors, diesen Wünschen auch Taten folgen zu lassen. Dennoch war die Belegschaft nicht leicht dazu zu bewegen, ihre Wünsche zu äußern. Zu tief saß das erlernte Misstrauen. Nur sehr zögernd gab es erste kleine Erfolge. Die zweite Ebene betraf die Führungsmannschaft. Sie musste die Wahrhaftigkeit der Absicht bezeugen und richtungskonforme Leistungen der Mitarbeiter anerkennen und diese ermutigen. Auch das benötigte nach all den Jahren der Bevormundung und der Furcht einige Zeit, gelang aber zu guter Letzt.

*Der Schlüssel zum Erfolg war, dass Direktion und Führungskräfte
diese historische Dimension ernst nahmen und darauf richtig*

reagierten. Das Eis brach, als sie begriffen, dass sich der Widerstand der Mitarbeiter nicht gegen sie persönlich richtete, sondern ein Schutzmechanismus gegen Verunsicherung war.

Ein Keim neuen Vertrauens entstand, als die Mitarbeiter zum allerersten Mal erlebten, wie ihre Führungskräfte und der Direktor ihre Wünsche und Lösungsvorschläge für anstehende Probleme ernst nahmen und unverzüglich Taten folgen ließen. Nun strengten sie sich wirklich an. Sie überlegten fieberhaft nicht nur, was sie sich wünschten, sondern auch, wie das möglich gemacht werden könnte. Sie stellten eigenständig Kostenpläne auf und informierten sich in anderen Abteilungen über all das, was dazu nötig war. Sogar die Rechtsabteilung wurde von ihnen aufgesucht und miteinbezogen.

Zum ersten Mal in der Geschichte des Unternehmens präsentierten schließlich einfache Arbeiter ihre Wünsche vor der versammelten Direktion – inklusive realistischer Vorschläge zur Verwirklichung. Noch nie war Arbeitern in einem solchen Gremium zugehört worden, umso größer war jetzt die Wirkung.

Der Direktor wiederum gab den Weg frei, sodass die meisten Ideen umgesetzt werden konnten. Wo dies nicht möglich war, stellte er sich der Diskussion und besprach ernsthaft mit den Mitarbeitern die Gründe. Er bestand darauf, dass jeder, der sich mit Mühe etwas überlegt habe, auch das Recht hätte, die Gründe einer eventuellen Ablehnung wirklich zu verstehen.

Der Widerstand verschwand, ohne jemals zum Thema gemacht worden zu sein. Fast hatte man ihn nach wenigen Monaten bereits vergessen. Der Direktor wurde als einer der Ihren betrachtet und zog damit in die mentale Dorfgemeinschaft ein. Damit war allen geholfen:

- Der Direktor gewann persönlich Reputation, Achtung und Respekt.
- Die Führungsarbeit der beteiligten Führungskräfte wurde erheblich erleichtert.
- Die Mitarbeiter dachten mit und hatten keine Scheu mehr davor, Vorschläge zu entwickeln, auszuarbeiten und vorzulegen.

- Die Innovationskraft des Unternehmens stieg an.
- Nicht zuletzt konnten Folge- und Umwegkosten eingespart werden, die das Misstrauen in der Vergangenheit verursacht hatte.

Teil 3:
Kulturen zuordnen

VII. Wie man die Kultur erkennt

Zwei Erlebnisse zur Auswahl:

Nach der Arbeit haben Sie auf dem Heimweg noch einige Besorgungen zu erledigen. Es ist kurz vor Geschäftsschluss. Sie werden freundlich bedient und an der Kasse bekommen Sie noch ein „Schönen Abend!" mit auf den Weg.

Wie fühlt sich das an?

An einem anderen Tag besuchen Sie ein anderes Geschäft. Die Verkäufer reden miteinander. Sie kehren Ihnen den Rücken zu und beachten Sie nicht. Sie gehen zu der Gruppe. Nach einer kurzen Wartezeit wendet sich einer der Verkäufer zu Ihnen und gibt eine kurze Antwort auf Ihre Frage.

Spüren Sie den Unterschied?

Wir alle kennen solche Szenen. Im ersten Fall fühlt man sich angenommen, vielleicht sogar ein bisschen zugehörig. Im zweiten Fall hat man den Eindruck, die Gruppe in ihrem Gespräch zu stören.

Im ersten Fall ist der Kunde wichtig. Er wird von den Angestellten als Teil des Unternehmens wahrgenommen und auch entsprechend behandelt. Er fühlt sich ernst genommen und – nicht zuletzt – sicher. Vermutlich wird er dieses Geschäft wieder besuchen.

Ganz anders im zweiten Fall. Der Kunde entwickelt hier das Gefühl, in ein fremdes Territorium einzudringen. Er gehört nicht hierher und wird als Störung wahrgenommen. Das Verhalten der Angestellten vermittelt ihm das sehr deutlich.

Dieses Gefühl ist der wichtigste Indikator für die herrschende Kultur in einem Unternehmen, denn es reagiert sehr präzise. Das zweite Geschäft werden Sie nur noch im Notfall wieder aufsuchen. Mitarbeiter kommunizieren immer ihre Haltung zu ihrer Arbeit und zu ihrem Arbeitsplatz. Diese Botschaft wird auf der Gefühlsebene sehr gut verstanden.

Das Gefühl für die Bedeutung des anderen

Jeder Mensch kann fühlen, ob er willkommen ist. In Bruchteilen von Sekunden spüren wir ein angenehmes Gefühl, wenn in einem Geschäft ein gutes Miteinander herrscht. Wir finden die Leute nett und kommen gerne wieder.

Wir glauben nur, dass dies etwas mit dem Bewusstsein zu tun hat. In Wirklichkeit ist unser Gehirn allein unterwegs. Ohne dass wir es bemerken, ist es umfassend an der Arbeit. Es hat alle erreichbaren Faktoren abgetastet und Dopamin ausgeschüttet. Wenn jetzt nichts Unvorhergesehenes geschieht, dann ist die Entscheidung getroffen: Wir mögen das Geschäft!

Das Bewusstsein kommt hinterher und darf zustimmen. Eine innere Stimme sagt: Die sind nett, hier komme ich wieder her! Mit einem guten Gefühl setzen wir unseren Heimweg fort. Worauf haben wir hier reagiert?

Es sind unendlich viele Faktoren daran beteiligt, sodass es unmöglich ist, in sinnvoller Weise monokausale Zusammenhänge herzustellen. Das Gefühl ist unsere innere Antwort auf das, was uns außen umgibt. Dabei ist die Gesamtheit wichtig und nicht einzelne Faktoren.

Körpersprache und feinste Details in Gestik und Mimik der Verkäufer werden säuberlich analysiert und auf Authentizität überprüft. Angenommen zu werden ist eines der innersten menschlichen Bedürfnisse. Sind die Signale positiv und passen sie zusammen, so befriedigen sie dieses Bedürfnis.

Tricks und Techniken des Marketings können positive Gefühle unterstützen, doch ersetzen können sie diese nicht. Das Gehirn ist wachsam und immer online. Es bemerkt sofort jede Abweichung.

Das Gehirn schaltet sofort in den alternativen Modus, wenn es feststellt, dass die Freundlichkeit nur gespielt ist, dass die Verkäufer unter Stress stehen oder dass sie uns nur ein möglichst teures Produkt andrehen wollen. Das Ekelzentrum wird im Gehirn zugeschaltet und wir reagieren mit Abscheu.

Was bedeutet das nun für das Unternehmen? Worauf ist zu achten, um die Kundenbindung zu sichern? Die Antwort liegt in der Unternehmenskultur.

Nur dann, wenn sich das Verkaufspersonal in diesem Geschäft selbst sicher und angenommen fühlt, wird es diese High-Speed-Überprüfung überstehen. Nur dann, wenn untereinander ein Klima der Gemeinsamkeit herrscht, wird es bei einem Außenstehenden jenes Gefühl hervorrufen können, ehrlich angenommen zu sein. Sozialtechnische Lösungen funktionieren dagegen nicht.

Da gibt es beispielsweise eine Apotheke in einer Kleinstadt. Als der Juniorchef die Leitung übernahm, „modernisierte" er den Laden. Es wurde nicht nur die gesamte Einrichtung erneuert, sondern auch neue Geschäftsmethoden sollten den Gewinn erhöhen. Der neue Chef kam frisch von der Universität, die er mit sehr guten Noten abgeschlossen hatte. Nun führte er ein, was er theoretisch gelernt hatte. Dazu verlangte er von seinen Mitarbeiterinnen mit einem Schlag ein bis dahin völlig unbekanntes Kosten- und Umsatzbewusstsein.

Dass altgediente Mitarbeiterinnen bald kündigten, war ein letztes Warnsignal. Der junge Mann ahnte nicht, wie sehr er die bis dahin geltende Kultur und damit das Lebensgefühl seiner Angestellten verbogen hatte. Bisher war man in der Apotheke stolz darauf gewesen, ein Ort für die Sorgen und Nöte der Bewohner der Kleinstadt zu sein. Es hatte zum Geschäftsprinzip gehört, auf Kunden einzugehen und mit ihnen zu reden. Nun wurde plötzlich Geschwindigkeit verlangt. Dass einige Angestellte gekündigt hatten, passte durchaus ins Konzept, denn es senkte die Gehaltskosten.

Doch der Bruch verwirrte das Personal. Die Apotheke und auch die Mitarbeiter waren beliebt im Ort. Jeder kannte sie, und man sprach gerne mit ihnen. Nun waren sie verunsichert. Das fiel auch dem Chef auf und so beschloss er, ein Verkaufstraining in Auftrag zu geben. Das Training war zwar in Ordnung und die Verkäuferinnen lernten eine Menge, aber der Erfolg blieb aus. Es wurde sogar noch schlimmer, denn die Umsätze brachen regelrecht ein.

Die Kunden hatten die plötzliche Veränderung wahrgenommen und als unangenehm empfunden. Es wurde mit ihnen nicht mehr gesprochen und sie spürten die Unterschiede im Verhalten. Auch sie verstanden nicht, was geschehen war. Sie vermuteten, sie seien in der Apotheke nicht mehr erwünscht. Da eine Alternative vorhanden war, besuchten sie zunehmend eine andere Apotheke, in der sie – aus ihrer Sicht – besser behandelt wurden.

Die Veränderung der Organisationskultur war die eindeutige Ursache für dieses geschäftliche Desaster. Objektiv wurden die Kunden zwar schneller und präziser bedient. Nur darum war es bisher weder den Kunden noch den Mitarbeiterinnen gegangen. So kündigten beide Seiten der Apotheke stillschweigend die Loyalität auf. Die Mitarbeiterinnen fühlten sich nicht mehr zugehörig zum Unternehmen. Sie empfanden sich selbst als Eindringlinge in ein fremdes Territorium.

Im Fokus des Juniorchefs stand allein das Betriebsergebnis, für ihn hatten die eigenen Leute keine Bedeutung mehr. Er sah sie in Wirklichkeit nur noch als Funktionsträger zur Produktion von Zahlen. Ähnlich betrachtete er auch seine Kunden. Den Kulturbruch verursachte er, weil er über die Bedeutung der Menschen im Hörsaal nichts gelernt hatte. Also kamen sie in seinen Überlegungen auch nicht vor. Er agierte, als ob es sich bei der Führung seines Geschäftes um eine Diplomprüfung in Buchhaltung handelte.

Diese Unschärfe im Denken führte zum Bedeutungsverlust der beteiligten Menschen. Als Lieferanten von Zahlen war es diesen nicht mehr möglich, auf sich selbst zu achten und persönlich zu gedeihen. Die Abwanderung der Kunden erlebten sie zusätzlich als Herabstufung ihres sozialen Ranges in der Stadt. Damit entstanden Mangelerscheinungen auf einer sehr fundamentalen psychologischen Ebene.

Die Freude an der Arbeit verflog und mit ihr löste sich auch die Kundenbindung.

Um es besser zu machen, hätte der Juniorchef vor allem darauf achten müssen, seinen Mitarbeiterinnen das Gefühl persönlicher Bedeutung zu geben. So aber schmolzen die Reputation des Hauses und das Engagement dahin wie Schnee in der Sonne.

An diesem kleinen Beispiel wird anschaulich, wie sich die Auffassung von der Bedeutung des anderen immer durch alle Aspekte eines Unternehmens zieht.

Diese Bedeutung des anderen ist der wahre Dreh- und Angelpunkt von Akzeptanz. Sie spielt in größeren Organisationen eine mindestens ebenso große Rolle wie in dieser kleinen Apotheke. Bei jedem Kontakt reagiert das menschliche Gehirn auf die Frage: Werde ich hier gut aufgenommen oder besteht die Möglichkeit von Gefahr? Das gilt gleichermaßen für Mitarbeiter, Kunden oder Lieferanten.

Damit stehen sich zwei Ausgangsbedingungen gegenüber:

- Das fundamentale menschliche Bedürfnis, angenommen zu werden und dazuzugehören.
- Die Bedeutung, die dem anderen von der Organisation gegeben wird.

Passen diese beiden Bedingungen zusammen, dann entsteht Anziehung, wenn nicht, dann kommt es zur Abstoßung.

Die Variable in diesem System der Beziehung ist die Bedeutung, die dem anderen gegeben wird. Sie ist ein wesentlicher Bestandteil jeder Kultur und äußert sich in vielfacher Weise. Sie macht die spezifische Qualität einer Kultur aus und wird intuitiv erkannt.

Kultur will erkannt werden

Es ist sinnlos, Werthaltungen zu simulieren, die nicht gelebt werden.

Kulturen geben ihren Mitgliedern Sicherheit und ein Territorium, in das sie sich zurückziehen können. Das gilt für geografische Territorien ebenso wie für geistige. Die Kernaussage nach außen lautet daher immer: „Das ist unser Gebiet!"

Der territoriale Aspekt einer Kultur verlangt, dass das Territorium auch erkennbar ist. Kultur muss immer etwas Eigenständiges und Besonderes darstellen. So wie wir sind, so zeigen wir uns nach außen. Die Basis dafür ist das sogenannte Wir-Gefühl. Mit diesem Begriff wird die gefühlte Qualität der Gemeinsamkeit bezeichnet. Sie orientiert sich ausschließlich an der realen Gefühlslage, nicht an den Wünschen der Unternehmensführung.

Wie wir wirklich sind, ist die Grundlage des Wir-Gefühls, nicht wie wir sein sollen. Diese Wirklichkeit drückt sich in der Organisationskultur aus. Kultur ist Medium und Gedächtnis einer Gesellschaft. Gleichzeitig bildet sie den Kitt, der diese Gesellschaft zusammenhält.

Das Besondere liegt in der Qualität einer Kultur. Empfinden sich ihre Mitglieder als Gemeinschaft oder eher als loser Interessenverband? Ist es erstrebenswert, freundlich zu sein, oder zeigt man sich besser aggressiv? Sind eher laute oder leise Töne gefragt? Ist man offen gegenüber anderen, integriert man sie? Oder scheint es notwendig, sie auszugrenzen und klare Grenzen zu definieren? Gehören die Vorgesetzten zur Gemeinschaft, oder gelten sie als Gegner?

All das sind unterschiedliche Haltungen davon, wie sie in Kulturen existieren. Sie sind nicht zuletzt der Ausdruck davon, welchen Wert der andere hat.

Haltungen bilden den Zaun, der innen und außen trennt.
Innerhalb werden Überzeugungen verstärkt, solche anderer
hingegen abgeschwächt. Beides fördert den Zusammenhalt.
Geschichten und Narrative erzählen davon, was man selbst gut
macht und worin die anderen schlecht sind.

So stellt sich Kultur als dicht gewebtes Netz aus Werthaltungen, Bestätigungen und Ablehnungen dar. Das kann man nicht nur spüren, man kann es auch sehen.

Indikatoren der Qualität einer Kultur

Menschen zeigen ihre Überzeugungen. Sie sprechen darüber und machen sich gegenüber anderen mit ähnlichen Überzeugungen erkennbar.

Will man wissen, worum es in einer Organisation wirklich geht, ist es unerlässlich, auf diese Zeichen zu achten und sie nicht zu übergehen. Kunden, Zulieferer und solche, die überlegen, ob sie in diesem Unternehmen arbeiten wollen, reagieren intuitiv auf diese Kennzeichen.

Jeder, der mit einer Organisation in Beziehung treten will oder muss, sollte wissen, ob diese in ausreichendem Maße zu ihm passt und wie viel Vertrauen er ihr und ihren Mitarbeitern entgegenbringen kann.

Beim Entschlüsseln helfen vier Ebenen, aus denen die herrschende Kultur spricht:
- *Gesichter* spiegeln das Innenleben.
- *Verhalten und Kleidung* zeigen, wie wir gesehen werden wollen.
- *Geschichten, Mythen und Legenden* erzählen davon, was uns wirklich wichtig ist.
- *Verdeckte Spielregeln* sind die wahren Machthaber in jeder Organisation.

Jede dieser Ebenen hat eine eigene Bedeutung. In ihrer Gesamtschau ergeben sie ein klares Bild der herrschenden Kultur.

Gesichter

Eine Organisation vermittelt bereits durch ihre Gestaltung einen allerersten Eindruck. Dieser ist sehr unterschiedlich, er kann Kompetenz ausstrahlen oder Nachlässigkeit, Kreativität oder technische Strenge.

> *Vor allem sind es die Gesichter, die uns begegnen, aus denen das Unbewusste sofort auf das Miteinander und die herrschende Qualität der Unternehmenskultur schließt. Gesichter erzählen, wie es den Menschen hinter der äußeren Fassade tatsächlich geht. Dem geübten Auge eröffnet sich schon nach wenigen Minuten ein klares Bild über die gerade herrschende Stimmung.*

Das ist nicht schwer, das kann jeder. Man muss sich nur auf das Gefühl einlassen und aufmerksam sein. Es lohnt sich, ein Stück dieses Weges ganz bewusst zu gehen. Auch wenn man weiß, dass das Unbewusste alles längst codiert hatte, ehe wir überhaupt darüber nachdenken konnten.

Achten wir also genau auf das, was sich in den Gesichtern abspielt, denen wir begegnen. Sind sie freundlich? Werden wir gegrüßt? Schauen die Menschen auf den Boden oder sehen sie uns an? Wird gelächelt oder sehen wir bittere Mienen? Wirken sie blass oder sprühen sie vor Leben? Wirken sie authentisch oder sieht das Verhalten nach eingelernter Fassade aus?

Wichtig ist es, diese Eindrücke in das Bewusstsein vorzulassen. Normalerweise tun wir das nicht. Automatische Abläufe unserer Wahrnehmung filtern alles aus, was im Moment keine Bedeutung hat. Wer Gesichtsausdrücken keine Bedeutung zukommen lässt, kann sie daher auch nicht adäquat wahrnehmen.

Haben wir erste Zeichen identifiziert, geht es darum, diese zu bewerten. Dazu ist es nötig, in sich hineinzuhören und darauf zu achten, welche Gefühle sich einstellen.

Auch dieser Punkt wird gerne übersprungen. Der Glaube an die Überlegenheit unserer Rationalität steht uns dabei ebenso im Weg wie die

Angst, Zeit zu vergeuden. Eigenen Gefühlen wird deshalb viel zu wenig Bedeutung zuerkannt, wobei gerade sie ein hervorragender Indikator sind.

Ein untrainiertes Bewusstsein ist geradezu erbärmlich schlecht, wenn es darum geht, gefälschte Gesichtsausdrücke zu erkennen. Bewusst können wir ein falsches, bloß geschäftsmäßiges Lächeln kaum von einem freundlichen Lächeln unterscheiden. Doch der automatisch ablaufende Wahrnehmungsapparat in den älteren Gehirnteilen kennt diese Unterschiede genau. Er findet sie in sogenannten Mikrogesten und in der Mikromimik. Beide sind für das Bewusstsein fast unsichtbar und wir beachten sie nicht. Wir empfinden aber den Unterschied in Form von Gefühlen, auf die es zu hören gilt. Bei falschem Lächeln etwa beschleichen uns unangenehme Gefühle.

Verhalten

Verhalten ist sehr leicht beobachtbar, doch die Interpretation stellt ein gewisses Problem dar. Nur allzu leicht werden Eindrücke von Erwartungshaltungen überschrieben. Diese können aus uns selbst kommen, weil wir etwas Bestimmtes sehen möchten, oder sie können durch externe Maßnahmen überschrieben werden. Beispielsweise sind sie beeinflussbar durch PR-Maßnahmen, Machtsymbole oder Imponiergehabe.

Werden uns solche Faktoren präsentiert, lohnt sich die Frage, warum hier jemand imponierend oder mächtig erscheinen will. Was will er damit sagen? Warum hält man das in diesem Haus für nötig? Offenbart sich darin vielleicht eine Auffassung von Verantwortung, oder soll nur eigene Schwäche überdeckt werden? Ist das eine Einzelerscheinung oder ein Ausdruck der Kultur der Organisation?

Der erste Eindruck des Verhaltens entsteht durch die Kleidung. Üblicherweise sind Menschen am Arbeitsplatz nicht uniformiert. Jeder trägt etwas anderes, dennoch zeigt sich ein gewisser Stil. In manchen Unternehmen gibt es sogar eine Hausordnung, die bestimmte Kleidungsstücke vorschreibt oder verbietet. In anderen wiederum ist es vollkommen egal, wer was trägt.

All das ist eine Botschaft. Wie viel Distanz erzwingt die Kleidung, wie viel Nähe erlaubt sie? Heben sich Führungskräfte heraus, oder unterscheiden sie sich nicht von Teammitgliedern? Wird mittels der Kleidung Kompetenz, Macht oder Rang ausgedrückt?

Kleidung ist kein Zufall, sondern immer Ausdruck der herrschenden Kultur.

Die nächste Stufe betrifft die Bewegungsabläufe der Mitarbeiter. Es verlangt ein bisschen Zeit, um zu sehen, ob es sich nur um individuelle Phänomene handelt oder ob darin etwas Allgemeines sichtbar wird. Hetzen die Mitarbeiter durch die Gänge und lassen damit erkennen, dass vor allem Geschwindigkeit gefragt ist? Sind ihre Bewegungen fahrig und schnell? Oder vermitteln sie Ruhe und Selbstsicherheit? Sind sie von Aufmerksamkeit geprägt, stellt Reflexion in diesem Haus einen Wert dar?

Noch etwas länger braucht es, um feststellen zu können, wie die Leute sich untereinander verhalten. Ist das Miteinander von Offenheit geprägt, oder gibt es geheime Vorbehalte? Herrscht ein Klima des Vertrauens oder Misstrauens?

Aufmerksamkeit und ein geschultes Auge geben auf der Ebene des Verhaltens den Blick auf das Miteinander frei. Täuschung ist natürlich möglich. Es gibt Unternehmen, die sich Verschleierung geradezu zur Aufgabe gemacht haben. Das funktioniert allerdings nur über einen kurzen Zeitraum – sofern es sich nicht um einen professionell agierenden Geheimdienst handelt.

Sogar Schauspieler, die Desmond Morris einmal treffend als „professionelle Verhaltenslügner" bezeichnet hat, können ihre Rolle nicht ewig spielen, weil sie etwas darstellen, was nicht sie selbst sind. Das Publikum würde es nach und nach durchschauen, dass sie etwas „machen". Dies ist einer der Gründe, weswegen Theaterstücke nicht unbegrenzt lange dauern und höchstens „abendfüllend" sein können. Irgendwann würde das Publikum den Darstellern das Spiel nicht mehr abnehmen.

Geschichten

Noch etwas näher am Kern der Organisationskultur sind die Geschichten, die man sich erzählt. Wes das Herz voll ist, des geht der Mund über, sagt der Volksmund. Und genauso ist es auch. Wir sprechen immer über Dinge, die uns wichtig sind. Sogar dann, wenn wir Unsinn reden und uns in belanglosem Smalltalk ergehen.

Was offenbart sich darin? Möglicherweise einfach nur der Wunsch, sich über einen Geräuschteppich der Gemeinsamkeit zu versichern und nicht ausgeschlossen zu sein. Vielleicht aber auch die Angst davor, etwas von sich selbst preiszugeben. Oder jene etwas unangenehme Haltung mancher Kulturen, die davon ausgeht, dass derjenige, der mehr Sprechraum beansprucht, damit seinen hohen Rang markieren will.

Aussagekräftiger sind die Themen. Worauf konzentrieren sie sich? Wird viel von sich selbst gesprochen und einer löst den anderen darin ab? Wird vom „Wir" gesprochen und vielleicht davon, was wir gerade tun, entwickeln oder untersuchen? Oder geht es häufig um eine Sache und es wird dabei vermieden, irgendwelche Verbindungen zu Personen oder gar Emotionen herzustellen?

Wer eine Kultur erfassen will, für den ist es wichtig, auf die sogenannten Subtexte zu achten. Also auf jene Bedeutungen, die neben dem Wort mitgeliefert werden – als weitere Dimension des Ausdrucks. Auch dabei ist die Intuition ein ausgezeichneter Helfer.

Man halte dafür einen Moment inne und frage sich, was die Situation gerade mit einem macht, wie man sich fühlt. Will man die geltende Kultur erfassen, ist dieser Moment des Zurücklehnens ausgesprochen wichtig. Sehr schnell eröffnen sich Blickwinkel, die man übersieht, solange man sich selbst im Strudel des Geschehens befindet.

Etwas einfacher sind die Inhalte von Gesprächen zu beobachten. Sie zu analysieren verlangt jedoch ebenfalls eine gewisse Fertigkeit. Denn es geht vor allem darum, welche Bögen in Unterhaltungen gespannt werden.

Jeder Mensch schimpft manchmal über andere. Das ist normal. Bezeichnend wird es, wenn er nur schimpft und an niemandem ein gutes Haar lässt, wenn er sich als Opfer sieht oder gar die ganze Welt als Tal des Jammers begreift.

Andersherum gilt das Gleiche. Sind die Inhalte von Gesprächen hauptsächlich von Lust und dem Bewusstsein gemeinsamer Kraft geprägt, befindet man sich in aller Regel unter Menschen, die in der Lage sind, Dinge und Situationen positiv zu sehen, und die Freude daran haben, Lösungen aufzuspüren.

Eine besondere Rolle spielt der Tratsch bei der Kaffeemaschine oder am Gang. Wenn Menschen sich unbeobachtet fühlen, es sich kurz gemütlich machen, senken sie die Masken, zumindest ein Stück weit. Dabei wird erkennbar, welche spezifische Erzählstruktur eingehalten wird. Diese Struktur ist ein Spezifikum und in jeder Kultur etwas anders. Ihre Regeln werden geradezu rituell eingehalten.

Fühlen sich die Mitarbeiter als Opfer, so werden sie Opfergeschichten bevorzugen oder über diejenigen herziehen, die sie als Täter betrachten. Gestaltende Gruppen werden handlungsorientierten Gesprächen mehr Zeit einräumen. Vielleicht schimmern Freude und Lust bei ihnen durch. Aggressive Gruppen werden andere hingegen abwerten.

Gerade in diesen Gesprächen kann man erkennen, welchen Stellenwert das Gemeinsame, das Miteinander und die Zusammenarbeit haben und welche Bedeutung dem anderen zugestanden wird.

Verdeckte Spielregeln
Wie der Begriff schon andeutet, sind diese Spielregeln nicht offen erkennbar. Es bedarf einiger Erfahrung und eines beinahe detektivischen Gespürs, um sie aufzufinden.

Verdeckte Spielregeln sind nirgends aufgeschrieben. Sie sind verdeckt, weil sie die wahren Überlebensregeln in einem Unternehmen enthalten. Manchmal widersprechen sie eindeutig den Grundsätzen eines Unternehmens, doch sie sind gültig und alle halten sich daran. Wer diese Regeln nicht kennt und sie verletzt, steuert sein Schiff auf ein Riff aus hartem Widerstand.

Ist der Fehler passiert, vermag auch ein Rang im Management nicht zu schützen. Selbst die Unterstützung durch einen Vorsitzenden hilft nichts. Macht das Management vielleicht sogar gemeinsam Front gegen die Mitarbeiter, kommt es zu dem schon erwähnten „horizontalen Schisma". Dann wird das Management von den Mitarbeitern quasi exkommuniziert.

Verdeckte und heimliche Spielregeln sind die mächtigsten Elemente in jeder Unternehmenskultur! Sie zu erkennen verlangt Einfühlungsvermögen, Vertrauen und Geduld.

Meist stehen verdeckte Spielregeln im Widerspruch zur offiziellen Leitlinie eines Unternehmens, sonst wären sie auch nicht geheim. Ihre Aufgabe ist es nicht, den Unternehmenserfolg herbeizuführen, sondern die Mitarbeiter vor Auswüchsen zu schützen. Je negativer deshalb das Klima, umso mehr solcher Spielregeln existieren und umso mächtiger und verborgener sind sie.

Verdeckte Spielregeln entspringen persönlichen oder gemeinsamen Erfahrungen aus der Vergangenheit. Die meisten dieser Spielregeln machen Unternehmensführung unmöglich, zerstören die Zusammenarbeit im Ganzen und vernichten den Willen und die Fähigkeit zur Innovation.

Besonders hartnäckig und schwierig aufzufinden sind sie, weil sie nicht in Begriffen, sondern nur in Gefühlen vorliegen. Das kann zu falschen Schlussfolgerungen führen.

In einem großen Unternehmen arbeitet A., einer der besten Chefs, den ich jemals kennengelernt habe. Führung ist ihm ein zentrales Anliegen. Er wird von seinen Leuten geliebt und genießt höchstes Ansehen. Sie sagen über ihn:

- Unser Käpt'n führt uns zum Erfolg!

Das in seinem Bereich herrschende Vertrauen und der damit verbundene Erfolg weckten den Neid seiner Abteilungsleiter-Kollegen. Neid und Missgunst bis hin zu offenem Hass schlug ihm von dort entgegen. Ihnen galt er als Störenfried. Bei ihnen hieß es über ihn:

• A. ist ein Feind und Zerstörer der Gemeinsamkeit des Hauses!
Tatsächlich waren die Beharrungstendenzen in diesem Traditionsunternehmen geradezu übermächtig. Dynamisierung war daher notwendig.
A. hatte die Zeichen der Zeit verstanden und arbeitete stets an der Entwicklung einer geeigneten Kultur in seinem Einflussbereich, was auch zu entsprechenden Erfolgen führte. Seine Kollegen wehrten sich gegen Veränderungen, und auch der Unternehmensführung gelang es nicht, sie ebenfalls zu bewegen. So kam es, dass der „Bunker", wie die beharrenden Kräfte im Haus genannt wurden, sehr mächtig wurde. Anstatt von dieser erfolgreichen Abteilung zu lernen, wurden lieber Verleumdungen und Gerüchte über sie in die Welt gesetzt – das war einfacher.

Wir kennen diesen Mechanismus nicht zuletzt aus der Gruppendynamik. Es handelt sich um Abwehrhaltungen, die jeden Versuch von Veränderung schon im Ansatz unterlaufen. Die zerstörerische Kraft solcher Mechanismen ist sehr effizient, wenn es nicht wirksam gelingt, ihr eine klare und über lange Zeit gültige Strategie entgegenzusetzen.

Unglücklicherweise und zum eigenen Schaden vertraute die Unternehmensleitung in diesem Falle letztlich den Vielen. Das Ziel der größeren Gruppe war zwar erreicht, das Unternehmen aber erstarrte.

Um sich eine Vorstellung davon machen zu können, welche verdeckten Spielregeln es sonst noch gibt, hier einige Kostproben:

• Wir sind Opfer! (Mit Abstand am meisten verbreitete verdeckte Spielregel, schiebt allen anderen die Verantwortung zu und befreit sich selbst davon)
• Wissen ist Macht! (Also behält man es für sich)
• Mitarbeiter sind faul und unbeweglich! (Man muss sie zwingen, in verschiedenen Variationen in Chefetagen verbreitet)
• Die da oben haben kein Rückgrat und brechen ihre Versprechen schneller, als man sie glauben kann! (In einem Teilunternehmen einer Holding-Gesellschaft)
• Beweise mir, dass ich dir vertrauen kann! (In einem Unternehmen, das nach vielfachen Restrukturierungen von wechselseitigem Misstrauen bestimmt ist)

126

- Burn-out ist der Beweis, sein Bestes gegeben zu haben! (In einem Sozialunternehmen)
- Intelligente Ideen zu haben, ist bei uns eine Form der Selbstgefährdung! (Verbal wird Kreativität verlangt, tritt sie jedoch ein, zerschellt sie regelmäßig an scheinbar sachlich begründetem Widerstand)
- Individuelle Mehrleistung zerstört den Arbeitsfrieden! (Bei einer Müllabfuhr)
- Der Beste ist der mit den meisten Überstunden! (Bringt Rationalisierer zum Wahnsinn)
- Umgehe stets die Hierarchie! Wenn du etwas erreichen willst, stich so hoch wie möglich und umgehe deinen Abteilungsleiter! (Zerstört sicher jede Zuständigkeit, wenn obere Führungskräfte sich darauf einlassen)
- Vertrau keinem mit Krawatte! (Hier existierte ein horizontales Schisma, die Führungskräfte waren exkommuniziert)
- Wichtig ist die Laune des Chefs! (Der Kunde kommt danach, der cholerische Chef machte die Mitarbeiter gelegentlich herunter)
- Der Kunde raubt uns Selbstbestimmung! (In einem Unternehmen, das von den Mitarbeitern mehr Kundenorientierung verlangte)
- Wer wichtig ist, kommt später! (Die Chefs kamen erst gegen Mittag ins Büro, Appelle an Pünktlichkeit halfen nichts)

Verdeckte Spielregeln mit positivem Einschlag sind dagegen selten. Sie gehen meistens auf eine Führungskraft zurück, der es gelingt, ihre Mannschaft hinter sich zu vereinen – nicht selten in Opposition zur Unternehmensspitze. Beispiele dafür sind:
- Uns ist wichtig, andere mitzunehmen!
- Wir helfen immer – wenn wir gefragt werden!
- Wir machen unsere Arbeit – die oben machen ihren eigenen Stiefel!
- Wir finden immer einen Weg!
- Wir sind das gallische Dorf und draußen stehen die Römer!

VIII. Die Typologie der Organisationskultur

Menschen tun sich immer mit anderen zusammen, die so sind wie sie selbst. Das gilt nicht nur für die Ausübung von Berufen, Hobbys oder für Literaturclubs. Wir finden immer Personen, mit denen wir unser Weltbild teilen können. Das hat große Vorteile.

Befindet man sich unter Leuten mit ähnlichen Ansichten, verstärkt das die eigenen Meinungen und Haltungen. Man fühlt sich so nicht allein und verlassen. Es verbessert das Selbstbild, wenn wir erfahren, dass andere ebenso denken. Daran ist grundsätzlich nichts Schlechtes. Es sagt nur, dass wir unserer inneren Veranlagung nach Rudeltiere sind und daher mentale Dorfgemeinschaften bilden. Das machen wir auch sichtbar.

Die Kultur von Fußballfans verlangt, Schals und T-Shirts in den Vereinsfarben zu tragen. Auch Wallfahrer sind also solche oft äußerlich zu erkennen, genau wie die Mitglieder der meisten Führungsetagen. Wohin wir schauen: Kleider-, Benimm- und Sprachregeln, um sich zu identifizieren und zuordenbar zu sein.

Besonders interessant in diesem Zusammenhang sind Subkulturen. Gerade diese bestimmen die wahren Regeln des Lebens und der Zusammenarbeit im Unternehmen. Sie beinhalten die Werte, Visionen und Normen, die Denken und Wahrnehmung der Mitarbeiter festlegen. Aus diesem Grund sind sie hochwirksam.

Die in Subkulturen existierenden Werthaltungen kann man nur durch Aufmerksamkeit entdecken. Man muss wirklich zuhören, wenn die Leute reden. Nur dann erfährt man, was ihnen wirklich wichtig ist.

Neben dem Inhalt enthält jedes Gespräch auch Hinweise auf Beziehungen und Appelle. Das, was man dort erfahren kann, lässt sich sehr gut in fünf Kategorien einteilen. Mithilfe dieser Kategorien ist es möglich, herrschende Kulturen zu erkennen und zuzuordnen. Darüber hinaus bilden sie die Basis für die Entwicklung wirksamer Handlungskonzepte.

Kategorie 1: Funktionale Paranoia – das Gesetz des Dschungels

Verzweiflung und Hoffnungslosigkeit zeichnen das Leben in einer derartigen Kultur aus. Es ist die Welt der Gefängnisse, der Straßengangs, der Skins und mancher militanter Fundamentalisten und Extremisten.

In dieser Kategorie finden sich jene zusammen, die das Leben als ständige Verteidigung gegen eine Außenwelt verstehen, die ihnen Böses will. Sie sind aggressiv, denn sie setzen bei allen anderen Feindseligkeit voraus. Diese Aggressivität nährt sich aus ihrer Verzweiflung über die Bösartigkeit der Welt.

In diesem Lager grundeln Populisten aller Schattierungen. Sie versuchen, die Lufthoheit über den Stammtischen zu gewinnen, indem sie die dort herumschwirrenden Wertvorstellungen aufnehmen. Durch öffentliches Verkünden schaffen Populisten bewusst Kondensationskeime für diese sozial-paranoide Vorstellungswelt. Die Stammtische fühlen sich dadurch bestätigt und folgen den Rattenfängern.

Krieg, Kampf, andere in die Knie zwingen – darum drehen sich die Gespräche solcher Gruppen. Ihre Sprache wird geführt von ihrer Wahrnehmung der Welt. Ihr Weltbild lässt ihnen nur eine Möglichkeit: sich zu wehren. Stabile Beziehungen zu errichten ist ihnen nicht möglich, weil sie ständig zwischen Schwarz und Weiß schwanken. Konstruktive strategische Ziele zu verfolgen liegt jenseits des Horizonts ihrer Vorstellungskraft.

Nun würde man gerne glauben, dass diese Grundhaltung im Leben von Organisationen, in denen es um Arbeit und Leistung geht, nicht vorkommt. Leider stimmt das nicht. In manchen Führungsetagen werden Ängste bewusst geschürt, Feindbilder gepflegt und verkündet. Mitarbeiter sollen auf diese Weise zu gemeinsamen, als Abwehr getarnten Handlungen gedrängt werden. Der Markt, der Mitbewerber, die Kunden: Alles kann in einer solchen Kultur zum Gegner gemacht werden.

Ein älterer Kollege sagte mir einmal, dass sich seit Beginn der 1990er-Jahre der Typus der Führungskraft vollkommen verändert habe. Hätten davor menschliche Werte und Mitarbeiter zumindest in ein ordentliches Führungsverständnis gehört, so wären danach Leute an die Oberfläche gespült worden, deren wichtigstes Führungsinstrument die Angst sei, so meinte er.

Tatsache ist, dass es eine Reihe von Führungskräften gibt, die eine rüde Form des Sozialdarwinismus tief internalisiert haben. Sie treiben ihre Mitarbeiter in das Gefühl völliger Aussichtslosigkeit. Ein nicht unwesentlicher Teil der Zunahme an Burn-out-Erkrankungen, bis hin zu Selbstmorden, beruht auf solchen Kulturen und den Ansichten der entsprechenden Führungskräfte.

Richard Fuld, der Lehman Brothers in den Konkurs getrieben hatte, war eine solche Persönlichkeit. Er führte die Bank in einen „Krieg" und sah die Mitarbeiter als seine Truppen an. Auf einer Konferenz drohte er Abweichlern: „Ich will ihm das Herz herausreißen und es vor seinen Augen essen, während er noch lebt!" Der Boss, den niemand in Frage stellen konnte, war das Ende von Lehman Brothers.

Trotz ihrer niedrigen Produktivität kommt diese Klasse von Kulturen gelegentlich sogar als Forderung im offiziellen Unternehmens-Sprech vor. Beispielsweise in jenem internationalen Industrieunternehmen, das in den Neunzigern die Parole ausgab: „Nur ein toter Feind ist ein guter Feind!"

Kulturen im Zustand funktionaler Paranoia vegetieren dahin. Ihr Motor ist die Angst. Je mehr Angst im Spiel ist, umso ungünstiger funktionieren die Gehirne. Reflexion und planmäßiges Denken werden im Stress sogar abgeschaltet, wie wir bereits sehen konnten.

Soll eine Kultur dieser Beschaffenheit verbessert werden, so hilft es nichts, an die Vernunft zu appellieren. Inhalte können in diesem Zustand nicht verarbeitet werden. Soll daran ernsthaft etwas geändert werden, so helfen nur Geduld und die nie ermüdende Bemühung um kleine Belege, dass Leben etwas anderes ist als ein Dschungelkrieg.

Kategorie 2: Ich bin ein Opfer – und du bist schuld!

Die Opferhaltung ist das Reich der Klagen. Manchmal hört es sich an wie in der Unterwelt, als Orpheus den Hades besuchte. Überall traurige Gesichter, die einen bald teilnahmslos, bald klagend, bald flehend ansehen.

Als ich noch zur Schule ging, saß ich bei festlichen Anlässen gelegentlich unter den Gewerbetreibenden des Ortes. Sie trugen Anzüge und waren lauthals darin einig, dass ihre Welt ein Jammertal sei. Ihre Stimmen waren dabei durchaus kräftig. Jeder wusste ein anderes Detail. Am Ende dieser ritualisierten Zusammenkünfte verabschiedete man sich und ging auseinander.

Immer wieder fragte ich mich, was das sollte. Denn es ging um kein wirkliches Thema, jeder wusste irgendetwas Schlechtes über Politik, Wirtschaft oder das Finanzamt zu berichten. Alle stimmten auf skurrile Weise überein, dass ihr Leben schrecklich sei. Nur wirkten sie überhaupt nicht bedrückt. Das konnte ich nicht verstehen.

Später erfuhr ich, dass es sich dabei um Phasen sogenannter „phatischer Kommunikation" handelte. Es ging nicht wirklich um den Inhalt, sondern nur um die gegenseitige Bestätigung und Verstärkung der Ansicht, dass man es besonders schwer habe. Das führte sie zusammen und stärkte sie. Daher brach auch die Stimmung nicht ein. Man hatte zur Gemeinsamkeit gefunden.

In vielen Unternehmen herrscht diese Haltung als Subkultur. Mitglieder dieser Kategorie stellen jene 86 Prozent der Mitarbeiter, die nur mäßig engagiert arbeiten oder bereits vollkommen resigniert haben. Von den Kosten, die dadurch entstehen, war schon die Rede. Sie sind so hoch, dass sich bereits ein kleiner Aufschwung finanziell positiv auswirken würde. Allerdings ist auch hier Besonnenheit gefragt. Verordnungen helfen ebenso wenig wie Tricks aus dem Schatzkästlein der Trainings und der Beratungen.

Menschen, die sich in solchen Gruppen treffen, geht es nicht gut. Auch sie sehen äußere Feinde, doch es fehlt ihnen die Kraft zu kämpfen. Sie gehen es raffinierter an und positionieren sich als Opfer. Damit sind sie psychologisch aus der Schusslinie, denn das Opfer wirkt immer unschuldig und hat psychologisch keine Verantwortung für den schlechten Zustand. Deshalb paart sich in der Opferecke die Vermeidung eigener Verantwortung mit moralischer Überheblichkeit.

Der Geist der Opfer arbeitet wie ein Radar, der den Horizont unablässig nach allem abscannt, was geeignet sein könnte, ihr Opferbewusstsein zu stärken. Gerüchte werden unverzüglich aufgenommen und über schnelle Netzwerke der Kommunikation in Windeseile verbreitet. Die ständige Wiederholung schlechter Nachrichten erhebt diese in den Rang einer Wahrheit – selbst dann, wenn sie frei erfunden sind. Druck von oben – und sei er auch nur gefühlt – verstärkt diesen Effekt. Er wird zu einer Hydra, der immer mehr Köpfe nachwachsen.

Die Sprache der zweiten Kategorie ist geprägt von Opfergeschichten: Wir werden immer weniger und müssen immer mehr leisten, heißt es dann. Oder, dass hier gar nichts mehr geht, dass früher alles besser gewesen ist, dass alles sowieso keinen Sinn hat und dass die Rente Gott sei Dank nicht mehr weit ist. Das sind Sätze, die in dieser Kategorie zu hören sind.

Das Verhalten wirkt apathisch, auch wenn die Aktivität hoch sein kann. Tätigkeit wird simuliert, um entweder Angriffen aus der Führungsriege zu entgehen oder um die Abwehr zu organisieren. Lassen wir uns nicht täuschen: Das ist Aktivität und Kreativität auf hohem Niveau! Die effektive Arbeitsleistung bleibt jedoch stark hinter den Möglichkeiten zurück, weil die Kraft sich nicht auf Leistung richtet. Sie sucht stattdessen Schuldige für das eigene Unwohlsein. Leistung für das Unternehmen stellt in der Kategorie der Opferhaltung deshalb keinen Wert dar.

Diese Erfahrung mussten viele Unternehmen machen, die solche Mitarbeiter in Kommunikations-, Motivations- und Konfliktseminare geschickt haben. Es gibt solche Seminare in hoher Qualität. Ihr Einsatz setzt allerdings vielfach an der falschen Stelle an. Denn hier geht es nicht darum, dass die Leute etwas lernen sollen, sondern darum, dass sie das Gefühl verlieren, in einem dunklen Meer zu versinken! Um daran wirkungsvoll etwas zu ändern, ist es unerlässlich, die Wahrnehmung der Selbstwirksamkeit zu entwickeln.

Wie beim Erstellen eines Mosaiks ist am ersten gelegten Stein noch nichts erkennbar. Kommt aber Stein zu Stein, werden langsam Konturen sichtbar. So, wie man beim Mosaik beginnt, Muster zu erkennen, geht es bei der dauerhaften Verbesserung einer Kultur in Opferhaltung darum, aus einzelnen Erfolgen eigenverantwortlichen Handelns ein geeignetes Bild in den Köpfen entstehen zu lassen. Dann können aus Opfern langsam aktiv Handelnde werden.

Das erste untrügliche Anzeichen für den Aufschwung ist es, wenn sich in unbeobachteten Momenten am Gang oder in der Kaffee-Ecke die Sprache ändert. Wenn sie beginnt, sich der Zukunft zuzuwenden, und Elemente von Freude, Spaß und Stolz transportiert.

Kategorie 3: Ich bin großartig – und du nicht!

An dieser Stelle befinden wir uns erstmals in einem System, das zu Leistung fähig ist. Kulturen dieser Kategorie können sehr agil sein. Sie werden von herausragenden Persönlichkeiten getragen, die sich gerne präsentieren. Im Zentrum solcher Kulturen befinden sich meistens Experten oder Genies der Self-Promotion. Je mehr hoch qualifizierte Experten zusammenkommen, umso höher ist die Wahrscheinlichkeit, dass sich eine Kultur der Großartigen entwickelt.

Es ist dies auch die vorherrschende Kultur der Universitäten, denn dort geht es nicht um Konsens oder gemeinsame Leistungen. Der Rang ist an persönliche intellektuelle Überlegenheit geknüpft. Wer publiziert am meisten und wer wird am häufigsten in internationalen Reviews zitiert? Nur darum geht es. In Diskussionen muss jeder eine eigene Meinung haben und diese auch verteidigen. Die Universität ist meistens kein Platz für Gemeinsamkeit.

Zwischen Großartigen zu leben muss nicht unangenehm sein. Jeder erzählt gerne den anderen, welche bedeutungsvollen Dinge er gerade vollbringt. Dafür kann es dann Schulterklopfen der anderen geben.

Typisch für eine Kultur dieser Kategorie sind Szenen wie diese: Drei Führungskräfte treffen einander. Der Erste erzählt, mit welcher Bravour er gerade einen schwierigen Geschäftsabschluss verhandelt hat. Die anderen finden das toll. Der Zweite erzählt, wie er persönlich beim Vorstand ein höheres Abteilungsbudget herausverhandelt hat. Die anderen sind davon angetan. Der Dritte erzählt von einer unglaublich wichtigen Geschäftsreise in die USA. Schließlich gehen sie auseinander, nicht ohne gegenseitiges Schulterklopfen. Oberflächlich sieht das nach viel Dynamik und Leistung aus, doch der Schein trügt.

Das Problem ergibt sich unterschwellig dadurch, dass jeder sich selbst für den Größten und Wichtigsten hält. Er will nur, dass die anderen das wissen. Deshalb hört auch keiner den anderen zu. Eventuell sind die Herrschaften gut erzogen und lassen die anderen ausreden, jedoch im Inneren lädt jeder nur seine eigene Geschichte bei den anderen ab.

Die Haltung „Seht-her-wie-toll-ich-bin" hat einen hässlichen Bocksfuß. Zum Bild des Großartigen gehört nämlich ein unausgesprochener Teil, der in der Lage ist, jede Dynamik stark abzubremsen. Dieser unausgesprochene mentale Vorbehalt lautet: „… und du nicht!"

Kategorie drei ist die Heimat des Highlander-Syndroms: Es kann nur einen geben! Hinter den Kulissen werden die Messer gewetzt und die Beile geschmiedet. Hierher gehört auch die Idee, dass Wettbewerb die Leistung fördere. Für Großartige trifft das durchaus zu.

Nach innen aber verhindern sie die Möglichkeit, voneinander zu lernen, weil sie sich selbst für so gut halten. Kollegen oder eigene Mitarbeiter werden von ihnen weitaus geringer und weniger qualifiziert eingeschätzt. Deshalb haben sie Schwierigkeiten, etwas zu delegieren, gleichzeitig klagen sie darüber, dass sie nirgends Unterstützung bekommen. Hier ist der Eigenanteil vieler Burn-outs zu finden. Großartige besitzen nämlich einen starken inneren Antreiber und werden von Versagensängsten geplagt. Das lässt sie arbeiten bis zum Umfallen.

Als Vorgesetzte entwickeln sie sternförmige Strukturen: Der Großartige in der Mitte, die übrigen als Hilfseinheiten außen herum mit direkter Verbindung zum Chef. Das Miteinander der Menschen untereinander wird aber behindert. „Divide et impera" nannten das die alten Römer, spalte und herrsche und teile die Macht in kleine Stückchen auf!

Die Mitarbeiter von Führungskräften dieser Klasse befinden sich oft in der Opferhaltung der zweiten Kategorie. Es fällt ihnen schwer, Selbstwert und Würde zu entfalten. Sie klagen darüber, dass sie die ganze Arbeit machen müssen, während der Chef brilliert, oder dass sie nur Nummern seien. Solche Chefs neigen dazu, Mitarbeiter aus ihrem Umfeld zu vertreiben, die eigenständig denken. Für sie gilt: Nur ja keinen anderen zu groß werden lassen, denn das könnte die eigene Großartigkeit gefährden. Übrig bleiben Jasager, reine Erfüllungsgehilfen und Klone, die sich keinen selbstständigen Schritt zutrauen. Das begrenzt Kreativität und Innovationskraft gewaltig.

Wer von Menschen umgeben ist, die sich unterwerfen, läuft Gefahr abzuheben. Darunter leidet der Überblick. Sollte es zu Problemen kommen, werden mit großer Behändigkeit Schuldige aufgespürt, während das vorausschauende Finden von Lösungen unterbleibt.

Die Sprache in solchen Kulturen ist vom Ich geprägt. „Ich, mein, mir" durchziehen den verwendeten Sprachschatz. Mitarbeiter, Kunden oder Produkte haben weit geringere Bedeutung. Es gilt nur das, was geeignet ist, die eigene Bedeutung zu erhöhen. Solche Kulturen lieben Zahlen und Benchmarks.

Zahlen sind einfache Messlatten, um sich seines Ranges zu versichern: Wer die besten Zahlen produziert, ist auch der Beste! Das Denken verharrt auf der Ebene reiner Taktik und ist allein auf die nächste Erhebung der Zahlen ausgerichtet. Alles andere verschwindet aus dem Fokus. Zahlen ersetzen schließlich die Strategie und werden mit ihr verwechselt. Langfristige Folgen bleiben vom Denken der Großartigen weitgehend unberührt, denn es fehlt ihnen am Gefühl für soziale Prozesse.

Die Mehrzahl aller Unternehmen besitzt eine Kultur dieser Kategorie in der Führungsetage. Solche Organisationskulturen werden als nützlich angesehen, weil die Großartigen sich selbst ständig großen Druck auferlegen. Allerdings haben die einsamen Kämpfer auch Grenzen, insbesondere was die soziale Produktivität der Mitarbeiter angeht.

Diese Lücke zu schließen, ist die erste und wichtigste Aufgabe, um Unternehmen als Ganzes zu dynamisieren. Dazu ist es erforderlich, den Großartigen die Vorteile und Stärken der gemeinsamen Arbeit nahezubringen. Zu beachten ist, dass Großartige nur nach und nach in der Lage sind, die Vorteile von Gemeinsamkeit zu verstehen und zu leben. Zu groß erweist sich ihre anfängliche Furcht vor dem Versagen.

Kategorie 4: Begeistertes Miteinander – wo wir sind, ist vorne

Kulturen der Kategorie vier sammeln sich um Werte, die sie miteinander teilen und die für sie Priorität haben. Sie arbeiten, um Spaß zu haben, weil ihnen Freiheit wichtig ist, weil sie Abenteuer suchen, weil sie gemeinsam Innovationen finden wollen. Aber nicht alles, was ein Wert zu sein scheint, ist auch einer!

Nur selten sind Begriffe aus den Selbstbeschreibungen von Firmen in der Lage zu energetisieren. Dort spiegeln sich die Wünsche von Vorständen oder Unternehmern. Mit dem Leben der Mannschaft haben sie hingegen nichts zu tun. Zu solchen schwachen Begriffen gehören Forderungen wie: Qualität, Leistung, Professionalität, Flexibilität, Innovation, Verantwortung, Respekt, Transparenz, hohe Compliance oder Commitment. In diese Klasse gehören auch Werbe- und PR-Sprüche wie „Fit für die Zukunft". Das inspiriert niemanden.

Kraftvolle Werte hingegen beziehen sich auf zwei Kerne, welche die natürliche Grundausstattung des Menschen einbeziehen und ansprechen:

- Sie streichen die Gemeinsamkeit heraus.

Damit wird das menschliche Bedürfnis nach Zusammenhalt befriedigt und die Bildung mentaler Dorfgemeinschaften ermöglicht.

- Sie erheben den Anspruch, die Welt zu verändern.

Damit wird das Bedürfnis nach Sinn im Leben befriedigt. Wer sich daran beteiligen kann, die Welt ein bisschen besser zu machen, der weiß, wozu seine Existenz gut ist.

Werte dieser Art machen den entscheidenden Unterschied. Sie haben das Potenzial, den Mitarbeitern wichtig zu sein. Und sie kommen auch in den Gesprächen am Gang vor. Zu solchen Werten gehören beispielsweise:

- Wo wir sind, ist vorne!
- Wir machen unsere Zukunft selbst!
- Wir sind das Dorf der Mutigen!
- Wir sind Entdecker und entdecken neue Ufer!
- Wir gestalten die Zukunft!

Diese Werte sind inspirierend, denn sie geben Gründe an, warum wir etwas tun. Sie erzählen von der Bestimmung, der Veranlassung, der Überzeugung. Sie sind in der Lage, der Existenz einer Organisation oder Gruppe einen Sinn zu verleihen. Vor allem aber geben sie dem Individuum jenen „sense of direction", von dem Mahatma Gandhi gesprochen hat: den Sinn für die Richtung, in der sich das Leben entwickelt.

Kraftvolle Werte haben immer etwas mit Gemeinsamkeit zu tun. Sie geben keine Ziele vor, sind aber in der Lage, Haltungen zu generieren. Solche Werte sind Menschen wichtig. Sie schaffen Sicherheit in der Gemeinsamkeit.

Entscheidungen werden in solchen dynamischen Kulturen auf der Grundlage ihrer Werthaltungen getroffen. Nicht Opportunität, sondern Konformität mit den Werten bildet die Basis. Gruppen mit einer Kultur der vierten Kategorie lehnen daher Angebote ab, die ihren Wertehaushalt korrumpieren könnten. Das gibt ihnen Stärke und Selbstbewusstsein.

Werte sind bei ihnen einer klaren Wertehierarchie zugeordnet. Dass konkurrierende Werte auftreten, wie Disziplin plus Dynamik oder Kundenorientierung plus Gewinnmaximierung, kommt bei ihnen nicht vor. Ihre Wertehierarchien sind stabil und schaffen Sicherheit. Nicht, was sie tun, ist ihnen wichtig, sondern, wie sie es tun!

Ein solches Fundament geteilter Werte ist eine solide Basis für den Austausch von Gedanken. Auf dieser Grundlage entwickeln sich Vernetzungen und Synergien ohne Probleme. Fehler werden als Lernübung betrachtet, nicht als Scheitern. So werden große Projekte möglich, die Partnerschaft erfordern.

Der Gedanke des Wettkampfes und des Wettbewerbes wird in den Hintergrund gedrängt. Gemeinsamkeit ist zentral: Man hört einander zu und der gemeinsame Erfolg ist wichtig. Natürlich bilden sich in solchen Kulturen sehr leicht echte Teams heraus, doch ohne geeignete Führung kann sich eine solche Kultur nicht entwickeln. Entscheidende Bedeutung hat, dass sie wirklich ernsthaft von der Chefetage gewünscht wird. Gute Führungskräfte stellen die Gemeinsamkeit in den Vordergrund und halten daran fest.

Führungskräfte, die in einer Kultur geteilter Werte erfolgreich sind, verstehen sich selbst als Träger der gemeinsamen Werte.

Sie verkörpern die gemeinsame Stärke und sehen das als strategischen Auftrag. Sie vermitteln ihren Mitarbeitern die absolute Sicherheit, dass gemeinsam am Ende immer ein gangbarer Weg gefunden wird. Zur dafür nötigen Ausdauer befähigt sie ihr strategisches Denken.

Ihr Teamverständnis ist völlig anders als bei Führungskräften der Kategorien zwei oder drei. Sie suchen gezielt nach Menschen mit Unterschieden im Denken und Handeln und führen sie zusammen. Ihre Teams gleichen daher eher strategischen Partnerschaften als Gruppen von Gleichen.

Die Organisationskultur der vierten Kategorie kann ungeheure Kraft entwickeln. Der Grund: Sie entspricht sowohl den Wünschen der Mitarbeiter an den idealen Arbeitsplatz als auch jenen der meisten Führungskräfte. Themen wie Loyalität, Konfliktlösung oder richtige Kommunikation ergeben sich wie von selbst. Die Führungsarbeit wird viel leichter, sogar mühelos.

Die Sprache in diesen Gruppen ist geprägt von der Gemeinsamkeit. Stets wird nach Lösungen gesucht. Sprache und Körperhaltung vermitteln Stolz auf die gemeinsame Leistung.

Organisationen, die es hier zur Meisterschaft bringen, behalten diese Kultur auch dann bei, wenn es ihnen schlecht geht. Tief in ihrem Inneren ist das Wissen verankert, dass ihre Stärke aus der Gemeinsamkeit und der Wertigkeit kommt, die jedem Einzelnen zugestanden wird. Dies zu entwickeln und zu leben, verstehen sie als täglich neues Abenteuer.

Kulturen der vierten Kategorie sind die Grundlage für innovationskräftige, stabile und attraktive Unternehmen.

Kategorie 5: Hochleistungsteams – die Lust des Schaffens

Wir sind noch nicht am Ende der Stufenleiter. Es gibt noch eine Steigerungsform, deren Kraftentwicklung manchmal geradezu überdimensional erscheint. Ihre Dynamik ist allerdings so stark, dass sie leicht instabil werden kann. Für große Gruppen ist sie nur schwer herzustellen und noch schwerer zu erhalten.

Mit dieser Kategorie erreicht menschliche Zusammenarbeit ihren Höhepunkt. Mitglieder einer Kultur der fünften Kategorie leben in einem Dauerzustand von Flow. Darunter ist ein Gefühl des völligen Aufgehens in einer Tätigkeit gemeint.

Die Kultur der Hochleistungsteams ist nicht unbedingt ein reales Ziel, dazu sind sie zu instabil. Aber es ist eine wahre Lust, zu erleben, wie eine Gruppe in diesem Zustand zu fliegen beginnt und ihren Werten folgt, ohne sich von Einengungen irgendwelcher Art aufhalten zu lassen.

Die Gebrüder Wright und ihre Mithelfer bildeten ein solches Team. Sie waren Fahrradmechaniker und wollten einfach wissen, ob sie es schaffen könnten, sich mit einem Motorflugzeug in die Lüfte zu erheben. Diesem Traum jagten sie nach, scheiterten immer wieder und stürzten mehrfach ab. Doch nichts konnte sie aufhalten. Als sie es endlich geschafft hatten, erfuhr die Öffentlichkeit erst mehrere Tage danach vom ersten Motorflug der Geschichte. Warum? Weil sie es alle unbedingt schaffen wollten, mit einem Motor zu fliegen! Berühmt oder reich zu werden, das kam in diesem Traum nicht vor.

Ein anderes Beispiel ist das „Intermodal-Team" der Burlington Northern Eisenbahngesellschaft. Als 1981 die Eisenbahn in den USA dereguliert wurde, wurde dieses Team gegründet, um die Kombination unterschiedlicher Verkehrsmittel zu untersuchen und als neuen Geschäftszweig aufzubauen. Die sieben Mitarbeiter des Teams sollten das Konzept für ein neues Geschäftsmodell entwickeln. Als sie sich an die Arbeit machten, stellten sie fest, dass sie keine Unterstützung im eigenen Haus fanden. Noch mehr: Bald wurden sie sogar von jenen Vorständen massiv behindert, auf die ihre eigene Gründung zurückging.

Als dieser lästige Trupp von Männern einfach nicht aufgab, stellte man ihnen einen entlegenen Bahnhof in der Wüste zum Ausprobieren zur Verfügung. Die geheime Absicht war, sie an dieser unmöglichen Aufgabe scheitern zu lassen. Man wollte die Gruppe kalt entsorgen. Anstatt das Handtuch zu werfen, machte Bill Greenwood, der Teamleader, eine letzte Anstrengung und versammelte das Team um einen Wert. Genau hier werden wir es schaffen, und wir sind die Einzigen, die das können, sagte er ihnen. Und wenn es hier in der Wüste geht, dann geht es überall!

Es entstand eine Kraft und Dynamik, die durch nichts mehr zu brechen war. Nichts und niemand konnte sie aufhalten. Sie fühlten sich wie Freibeuter und fanden mit immer größerer Lust – und zum Unwillen der Unternehmensführung – immer einen Weg, um weitermachen zu können. Schließlich erreichten sie ihr Ziel. Das Ergebnis ist auf jeder Autobahn der Welt zu bewundern: der Containerverkehr!

Heute setzen einige der erfolgreichsten Unternehmen, wie Apple oder Google, auf die Herausbildung und Pflege solcher Hochleistungsteams. Nahezu jedes ihrer Produkte ist das Resultat der Arbeit eines solchen Teams.

Damit Gruppen diesen Zustand erreichen können, ist vollkommenes Vertrauen untereinander notwendig. Jeder versucht dabei, zum Erfolg jedes anderen etwas beizutragen, ohne auf seinen eigenen Vorteil zu achten. Die Rechnung geht deswegen auf, weil der Nutzen jedes Einzelnen durch das, was er von den anderen bekommt, um ein Vielfaches höher ist als alles, was einer allein für sich selbst erzeugen könnte.

Leidenschaft und Hingabe sind die wichtigsten Eigenschaften von Hochleistungsteams. Eine ungeheure Vitalität zeichnet sie aus. Im Zentrum ihrer Gespräche stehen Ideen, die sie weiterbringen können. Stets drängen sie vorwärts. Die Vergangenheit interessiert sie nur insofern, als sie die Grundlage für jeden weiteren Schritt bietet. Klagen hört man von ihnen nie. Hingegen reißt ihre Kraft und Ausstrahlung jeden mit, der mit ihnen in Kontakt kommt.

Solche Gruppen besitzen oft eine Art von Perpetuum mobile. Sie brennen zwar nicht aus, neigen aber zur Übertreibung. Eine der wichtigsten Aufgaben für ihre Teamleader ist es deshalb, solche Vollblüter zu erden und auf ausreichende Erholungsphasen zu achten.

Die soziale Produktivität der einzelnen Kulturen

Die beschriebenen fünf Typen der Organisationskultur sind sehr unterschiedlich. In jeder von ihnen gelten spezifische Grundsätze, Werte und Weltbilder. Diese sind der Kitt, der sie zusammenhält. So ungleich ihre kulturellen Prinzipien auch sein mögen, sie enthalten den jeweils geltenden Code zur Entschlüsselung der Welt. Mit dessen Hilfe finden sich die Mitglieder einer spezifischen Kultur zurecht in der Welt, wie sie sie sehen.

Gleichzeitig stellen diese Kulturen ein sehr unterschiedliches Kapital für Unternehmen dar, denn die Grenzen ihrer produktiven Leistungsfähigkeit divergieren stark. Das Arbeitsklima steht in enger Wechselwirkung zur Produktivität und damit zur Wertschöpfung. Das herrschende Klima ist die Voraussetzung wirtschaftlichen Erfolges. Der französische Philosoph Pierre Bourdieu schuf dafür den Begriff „Soziales Kapital".

Besondere Bedeutung hat, dass diese Form des Kapitals weder von der Anzahl der Menschen abhängt noch von der beruflichen Qualifikation. Entscheidend ist allein die Grundeinstellung, die diese fünf Kulturen auszeichnet.

Im Stadium der funktionalen Paranoia verliert sich die gesamte Energie im Kampf gegen dunkle Mächte. Auch aus der Opferkultur ist nicht viel herauszuholen, denn sie benötigt ihre Kraft, um eine Art mentaler Wagenburg herzustellen und zu verteidigen. Die Kultur der Großartigen kann kurzfristig gut funktionieren, langfristig ist ihre Produktivität jedoch gering, weil sie sich nicht für Kooperation eignet.

Werteorientierte Kulturen hingegen sind produktiv, und sie entsprechen der natürlichen Grundausstattung des Menschen. Das Bedürfnis nach Gemeinsamkeit lässt sich in ihnen ebenso befriedigen wie die Notwendigkeit, auf sich selbst zu achten. Die Loyalität ist hier am höchsten und das Engagement überdurchschnittlich. Mitunternehmertum lässt sich in einer werteorientierten Kultur am besten verwirklichen.

Am höchsten ist die Produktivität natürlich in der Kategorie der Hochleistungsteams. Da sie mit maximaler Leistung läuft, können Gruppen mit dieser Kultur überhitzen und instabil sein. Es kann geschehen, dass ein solches Team über das Ziel hinausschießt. Dann verliert es die Erdung.

Um dieses Risiko zu minimieren, bedarf es sehr spezieller Aufmerksamkeit durch die Führungskräfte. Wie alle anderen guten Führungskräfte auch, müssen sie das angestrebte Ergebnis verkörpern und auf die Einhaltung der strategischen Richtung achten, die Leistung beurteilen und ihren Fokus auf die Entwicklung komplementärer Fähigkeiten richten.

Um ein Team im Jagdfieber – darum handelt es sich stammesgeschichtlich – zusammenzuhalten, bedarf es allerdings weiterer Fähigkeiten. Solche Führungskräfte betrachten sich als Teil des Teams. Sie stehen nicht über ihnen, sondern sehen sich als „primus inter pares", als Erster unter den Gleichen. Ihre Stellung ragt nicht heraus, aber sie erfüllen eine Spezialaufgabe. Sie gehören dazu und achten auf die Richtung, aber sie schaffen auch Raum für selbstständiges Arbeiten. Und sie sind selbst immer darauf gespannt, was sich Neues ereignen wird. Diese Neugier der Führungskraft ist einer der wichtigsten Motoren für ein funktionierendes Hochleistungsteam.

Gleichzeitig verkörpern erfolgreiche Führungskräfte von Hochleistungsteams die Sicherheit, immer gemeinsam einen Weg finden zu können, unabhängig davon, wie die Situation zunächst erscheinen mag. Sie sind selbst von Begeisterung und Leidenschaft getragen. Ihre Freude überträgt sich auf ihr Team und macht aus ihnen so etwas wie ein Rudel auf der Jagd.

Bill Greenwood, der schon erwähnte Bereichsleiter von Burlington Northern, der das Intermodal-Team leitete, war eine solche Führungspersönlichkeit. Und er besaß Mut. Die Schwierigkeit bei der Entwicklung der Container lag nämlich nicht in der Technik, sondern in der damals in den USA typischen Feindschaft zwischen Eisenbahnern und LKW-Spediteuren – die Ursache der mangelnden Überzeugung in der eigenen Unternehmensführung. Als das Team an Kraft gewann, löste seine Energie massive Ängste bei durchschnittlichen Führungskräften aus. Leistungsethos und Wertehierarchie waren schwach ausgeprägt. Die

Kultur des Gesamtunternehmens erlaubte in Wirklichkeit keine herausragenden Leistungen, deshalb wurde das Team auch angegriffen. Hier die Nerven zu behalten, ist keine leichte Aufgabe für eine Führungskraft.

Hochleistungsteams sind die ideale Form für Innovationen mit vollkommen neuen Ansätzen. Man kann sie jedoch nicht per Weisung ins Leben rufen. Zuallererst benötigen sie als Substrat und Operationsbasis eine werteorientierte Kultur der vierten Kategorie. Nur aus ihr heraus können sie wachsen. Eine solche Kultur schafft die nötige Stabilität im Hintergrund. Sollten Hochleistungsteams aus irgendeinem Grund einmal instabil werden, können ihre Mitglieder ohne Verluste des Ansehens und der Würde in sie zurückkehren.

Zusammenfassung der Typologie der Kulturen

	Angst	Opfer	Ich	Wir	Lust
Grundhaltung	Aggressivität Aussichtslosigkeit	Unzufriedenheit	Einzelkämpfer Selbstdarsteller	Freude an der Arbeit Stolz und wechselseitiges Vertrauen Sehr hohes Vertrauen untereinander	Hohe Dynamik Starke Orientierung am Ergebnis
Indizien	Destruktive Sprache Argwohn	Suche nach Schuldigen und Ventilen für den Unmut	Ich-bezogene Sprache Klagen über die Unzuverlässigkeit anderer	Hoher Grad des Lächelns Lösungs- und zukunftsorientierte Sprache	Geprägt von Begeisterung und Lösungskompetenz Selbstständige Suche nach Aufgaben
Loyalität	Gering Zusammenhalt nur mit dem Rücken zur Wand	Loyal zur Gruppe der Opfer	Ausgeprägte Förderung des positiven Selbstbildes Geringe Loyalität gegenüber anderen	Loyal gegenüber den gemeinsamen Werten Hohe Bindung an die Gruppe und an das Unternehmen	Stark entwickelte Loyalität untereinander, gegenüber Kollegen, Unternehmen, Produkt und Kunden
Kreativität	Verliert sich in taktischen Manövern	Im Abschieben von Verantwortung	Zur Steigerung der eigenen Bedeutung	Sehr hoch und produktiv	Sehr hoch Unternehmerisch Strategisch
Unternehmerischer Nutzen	Kaum vorhanden	Erfüllen widerwillig Pflichten Dienst nach Vorschrift	Hohe Einzelleistung möglich Kaum teamfähig	Suchen selbstständig nach Lösungen Sind teamfähig, produktiv und innovativ	Lösungsorientierung Ansteckende Arbeitsfreude
Entwicklungspfad	Gefühl der Sicherheit individuell fördern	Stärken hervorheben Selbstwirksamkeit fördern	Verantwortung für andere stärken	Bestätigen, fördern und ernst nehmen	Aufgaben geben Partnerschaftlich behandeln Mitfeiern

Teil 4:
Kulturdesign

IX. Wir leben IN Kulturen

Kultur ist das Element, in dem Menschen leben. Es ist deshalb kein Wunder, dass auch moderne Menschen sich über jene Kultur definieren, die sie miteinander teilen. Das Bedürfnis nach Zugehörigkeit ist so groß, dass die dort geltenden Werte und Grundhaltungen das Denken und Handeln der Individuen bestimmen. Die innerhalb solcher Strukturen vorherrschende Meinung ist dafür bestimmend, was und wie Individuen denken.

Die Psychologie spricht hier vom Gruppendruck. Mitunter ohne es zu bemerken, begeben wir uns in solche Strukturen und bringen unsere Überzeugungen mit. Einmal zugehörig, bestimmt die Gruppe wesentlich, was gedacht und getan werden kann oder muss.

Kulturelle Brillen erschaffen unsere Welt

Wie mächtig diese Dynamik ist, konnte Salomon Asch bereits in den 1950er-Jahren in seinen berühmten Experimenten nachweisen. Sogar wenn die Ansicht der Gruppe absurd ist, wird sie von den Individuen übernommen. Im Experiment wurden zu kurze oder zu lange Striche von der Gruppe konsequent als gleich lang bezeichnet. Nach anfänglichem kurzem Widerstand schlossen sich die meisten dem Gruppendruck an. Nicht nur das: Ihr Gehirn versuchte verzweifelt, die Interpretation umzuformen, damit das Ergebnis der Gruppenmeinung entsprach.

Das Gehirn passt die Wahrnehmung der Gruppenmeinung an, nicht umgekehrt.

Neurowissenschaftler wie Allan Snyder aus Sydney sind inzwischen der begründeten Meinung, dass der einzige Ort, wo wir jemals waren, unser Gehirn ist. Die Welt kennen wir nur aus Interpretationen. „Wir sehen die Welt nur durch unsere Mindsets hindurch. Daraus gibt es kein Entkommen", sagt er. Ihn interessiert vor allem, warum es so schwierig ist, aus verfestigten Meinungen herauszukommen. Dafür sind mentale Paradigmen verantwortlich. Er meint damit gedankliche Brillen, durch die wir die Welt erst erkennen und interpretieren können.

Diese Brillen haben große Bedeutung, weil wir ohne sie gar nichts erkennen können. Unser Wahrnehmungsapparat ist befangen und vollkommen abhängig von der Bauart der Brillen. Sie bestimmen nicht nur, was wir erkennen, sondern auch, was es für uns bedeutet. Und sie befinden darüber, was in unser Bewusstsein gelangen darf und was nicht. Diese Brillen sind eine Art grundsätzliches Vorurteil über die Welt. Ein Teil davon ist genetisch bedingt, ein anderer beruht auf individuellen Erfahrungen. Ein sehr großer Anteil wird durch die Kultur vorgegeben, in der wir leben.

Experten haben besonders große Schwierigkeiten, ihre Sichtweise zu ändern. Sie haben viel Lebenszeit damit verbracht, diese Sichtweise – also eine spezifische gedankliche Brille – zu vertiefen. Veränderungen wehren sie ab, weil sie eventuell zugeben müssten, sich ihr ganzes Leben lang geirrt zu haben.

Wir besitzen also keine objektive Kenntnis der Welt, sondern tragen kulturell gefärbte Brillen! Das kränkt unser Selbstbild von Autonomie, Selbstbestimmung und objektiver Wahrnehmung gewaltig, doch die Befunde der modernen Neurophysiologie sind eindeutig und klar: Was wir erkennen können, bestimmen kulturell verankerte Regeln – selbst dann, wenn es absurd ist.

Die geltenden mentalen Brillen – oder Mindsets – sind sogar in der Lage, die Auswahl des zerebralen Stoffwechsels festzulegen. Sie entscheiden mit, ob bei einem bestimmten Reiz der Belohnungsmodus eingeschaltet wird oder ob unser Körper auf den alternativen Metabolismus von Stress umschaltet.

Wir schwimmen in unseren Konstruktionen über die Welt und wissen nicht, dass es Interpretationen sind. Wir interpretieren Eindrücke, die von außen kommen, nach den Regeln der eigenen Gruppe. Wir tragen deren Brille auf der Nase. Je abstrakter ein Thema ist, umso stärker ist dieser Effekt. Die Ansicht von Desmond Morris, dass der Mensch geradezu zwanghaft auf die Gruppe bezogen sei, bestätigt sich in mannigfaltiger Weise.

Die kleinräumige Struktur um uns herum, die Teamstruktur, ist für unseren Wahrnehmungsapparat wichtiger als das Unternehmen, in dem wir arbeiten. Das Team ist wichtig, nicht das Unternehmen! Die Teamkultur nährt uns mit Zugehörigkeit, Identität und dem Gefühl von Aufgehobenheit. Organisationen bilden nur den äußeren Rahmen, in dem sich das abspielt.

Menschen arbeiten nie für Organisationen, sondern immer in einer lokalen Kultur und für diese.

Bisher dachte man, dass Image oder Arbeitgebermarke sich mit Mitteln aus PR oder Marketing herstellen ließen und man so zu engagierteren und qualifizierteren Mitarbeitern kommen würde. Tatsächlich ist es möglich, talentierte Menschen mit Kampagnen in den Bann zu ziehen. Nun zeigt sich aber, dass in allererster Linie das Funktionieren von Teams und der Teamkultur wichtig sind, wenn es darum geht, Engagement dauerhaft zu stabilisieren oder Loyalität zu entwickeln. Hier ist allein die Qualität der Teamkultur entscheidend, nicht der „Employer Brand".

Ein Unternehmen, das dauerhaft als hochattraktiv erlebt werden will, muss also die Teilkulturen fördern und einen guten Nährboden für sie bilden. Damit Teilkulturen loyal zum Unternehmen sein können, brauchen sie einen Grund. Diese Begründung zu pflegen ist eine wichtige unternehmerische Aufgabe.

Der konventionelle Glaube an die technische Herstellbarkeit von Attraktivität für Arbeitnehmer ist eine mentale Brille mit hohem Verbreitungsgrad. Er beruht in seinem Kern auf der Theorie des „homo oeconomicus", jenes modellhaften Wesens der Wirtschaftstheorie, das stets nur seinen eigenen Vorteil sucht – und deshalb leicht zu manipulieren ist. Diese Theorie legt nahe, dass man der Schimäre des „homo oeconomikus" nur die richtigen Vorteile „verkaufen" müsse. In der Praxis stößt es aber auf sehr enge Grenzen, wenn Menschen nur als Zielorganismen für Methoden des Marketings betrachtet werden.

Ein großer Prozentsatz der Arbeitnehmer gehört mittlerweile der sogenannten Generation Y an, geboren zwischen 1977 und 1997. Sie sind mobil und vernetzen sich schnell. Im Ranking ihrer Werthaltungen überholt der Wunsch nach gedeihlichem Miteinander und kontinuierlichem Feedback immer öfter die Sehnsucht nach einem Spitzengehalt.

Wer dieser Generation nur ein smartes Image verkaufen will, das nicht gelebt wird, könnte bald in gewaltige Schwierigkeiten kommen. Die Werthaltungen haben sich verändert und die demografische Entwicklung macht Arbeitnehmer wertvoller. Es ist daher ratsam, sich von der Vorstellung des ewig geizigen und gierigen „homo oeconomicus" zu verabschieden und eine andere Brille auszuprobieren. Viele Probleme ließen sich allein dadurch lösen, dass lebensnähere Ideen in die Praxis eingingen. Nicht zuletzt deshalb, weil dieser „homo oeconomicus" unserer natürlichen Ausstattung diametral entgegengesetzt ist.

Wer in Zukunft mit seiner Organisation Erfolg haben will, wird diesen Glauben verlassen müssen. Auch wenn es schwerfällt und der „homo oeconomicus" über viele Jahrzehnte die bevorzugte Basistheorie der Wirtschaftswissenschaften gewesen ist: Wir brauchen eine andere Brille, um sich ändernden Rahmenbedingungen erfolgreich begegnen zu können!

Wie Kulturen funktionieren

Kulturen sind ein überindividuelles Phänomen des Menschen. Um sie zu verstehen, ist es hilfreich, sich Kultur als eine Art Wesen vorzustellen. Kultur bildet ein dichtes Geflecht, das alles durchdringt. Es ähnelt in seiner Arbeitsweise dem Wurzelgeflecht von Pilzen. So jedenfalls wird das zunehmend nicht nur in der Biologie gesehen. Je mehr das Internet unser Leben bestimmt, umso wichtiger wird das Verständnis solcher Netze für die Kommunikationswissenschaften.

Kulturen sind soziale Netze der Verständigung. Ihre Aufgabe besteht darin, sich zu entwickeln. Wirkliches Wissen über ihre Umwelt besitzen Kulturen nicht, doch Annahmen darüber, wie das Leben funktionieren kann. Diese Annahmen, so auch die Überzeugung von Allan Snyder, sind gespeicherte Erfahrungen darüber, was in der Vergangenheit funktioniert hat. Verändert sich die Umwelt, verändert sich die Kultur, indem sie neue Erfahrungen aufnimmt und weiterträgt.

Kulturen bilden ein sehr dynamisches Habitat, das drei einfache Aufgaben erfüllt:

- Sie schaffen ein internes *Werte- und Kommunikationssystem,* das die Mitglieder zusammenhält und miteinander verbindet.
- Sie halten Störungen stand und finden Wege, jedem *Druck von außen auszuweichen.*
- Sie finden immer Lösungen, die *möglichst geringen Kraftaufwand* erfordern.

Ein kulturelles Netz organisiert sich selbst, Kommandostellen kennt es nicht. Allerdings bildet es kommunikative Knoten oder dichte Inseln, die miteinander verbunden sind. Fällt eine dieser Teilstrukturen aus, ändert das am Gesamten so gut wie nichts. Es werden sofort alternative Strukturen herausgebildet und neue Straßen der Kommunikation gebaut. Das Netz baut sich ständig selbst um. Dabei entwickelt es sich insgesamt ständig weiter und findet Lösungen für nahezu jedes Problem, das sich in seinem Inneren oder im Äußeren stellt. Das macht Kulturen zu Künstlern des Überlebens.

Die Entscheidungen, die auf diesem Weg getroffen werden, sind nicht vorhersehbar, denn das System entscheidet selbstorganisiert. Es schickt seine Energie dorthin, wohin es sich entwickeln möchte. Wer lenkend eingreifen will, muss die richtigen Reize bieten.

Reize können von überall kommen, von außen, von innen, von der Peripherie oder aus dem Zentrum. Verarbeitet werden sie jedoch in den kleinsten Einheiten eines kulturellen Systems, den Individuen. In einer Art Schwarmprozess bildet sich ein Aufmerksamkeitskern heraus, der als Orientierung dient.

- WAS ist in einem kulturellen System wichtig?
  Einfach alles, was das System stärkt und seine Bewegungsfähigkeit erhält. Abgewehrt werden Einschränkungen. Druck wird ausgewichen.
- WER ist in einem kulturellen System wichtig?
  Jeder, der die Stimmung einfängt, ihr Worte verleihen und eine glaubwürdige Perspektive bieten kann.
  Entscheidend ist, wer dazugehört und wer nicht. Einer Führungskraft, die als „nicht zugehörig" kodiert ist, wird immer mit Misstrauen begegnet werden. Zugehörigkeit hingegen wird mit Vertrauensvorschuss bedacht.

Führungskräfte, Teamleader, aber auch Lehrer oder Priester müssen deshalb danach trachten, als Teil des Systems gesehen zu werden und nicht als außenstehend oder gar als sein Feind. Nur dann erhalten sie quasi die Erlaubnis, die Aufmerksamkeit konstruktiv steuern zu dürfen.

Wir leben in erster Linie in Kulturen und nicht für Unternehmen. Das hat vor allem dann schwerwiegende Konsequenzen, wenn ein Unternehmen als illoyal gegenüber seinen Mitarbeitern erlebt wird. Diesem Umstand ist bisher viel zu wenig Aufmerksamkeit geschenkt worden – er wurde einfach übersehen. Mit dem beklagenswerten Ergebnis, dass Führungswünsche so oft ins Leere laufen, Projekte versanden, Vertrauen und Engagement versinken und nicht zuletzt sehr hohe Kosten entstehen.

Sich widersetzende Kulturen werden von Führungskräften oft als destruktive Systeme missverstanden. Es wird nur selten erkannt, dass ihr Level an Energie sehr hoch ist und man ihm eine konstruktive Richtung geben könnte, wo er doch schon einmal vorhanden ist. Es kommt vor, dass sie stattdessen mit Machtmitteln bekämpft werden. Solche Maßnahmen bringen allerdings nicht den gewünschten Erfolg.

Die wichtigste Aufgabe einer Kultur ist immer die konstruktive Gestaltung des Miteinanders. Worin diese bestehen könnte und welche Richtung das Gemeinschaftsgefühl einschlägt, bestimmt im Wesentlichen die kulturelle Kategorie, in der sich eine Gemeinschaft befindet.

Kulturen im Stadium des Dschungelkampfes, der Opferhaltung oder der Großartigkeit werden meistens defensiv bis aggressiv reagieren. Werteorientierte Kulturen und Hochleistungsteams hingegen offensiv und gestaltend. Sollte es da nicht möglich sein, diese Energie konstruktiv zu gestalten und nutzbar zu machen, anstatt sie immer nur zu bekämpfen?

Gerade in Zeiten der Veränderung von Werthaltungen und der allgemeinen Orientierungslosigkeit können gut entwickelte Organisationskulturen sehr schöpferische und fruchtbringende Lösungen generieren. Vielleicht sogar solche, auf die noch niemals zuvor jemand gekommen ist.

Um die Kraft positiv nutzen zu können, ist es notwendig, sich von der Vorstellung des Regelns und Steuerns, des Kanalisierens und Einengens zu verabschieden. Wer die Bedeutung und die Fähigkeiten von Kulturen ernst nimmt und sie respektiert, dem eröffnen sich vollkommen neue Denk-, Handlungs- und Lösungsmöglichkeiten!

Für Unternehmen bedeutet das die Aufgabe, vorhandene Teil- und Subkulturen aktiv zu integrieren und die Pflege des Klimas als eine der wichtigsten Führungsaufgaben zu verstehen.

Mitarbeiter leisten Hilfestellung – wenn man zuhört

Egal, was wir tun, alle Lebewesen verhalten sich gemäß ihrer Natur. Das heißt, sie suchen immer einfache Wege, die wenig Energie verbrauchen. Ist die Situation ungünstig, so versuchen sie, aus ihr auszubrechen. Für Individuen gilt das ebenso wie für Kulturen.

Das Ausbrechen auf möglichst niedrigem Energielevel ist der kreativste Vorgang in der Natur. Es ist der Treibstoff der Evolution.

Jeder, der sich dem Glauben hingegeben hat, etwas gegen die Natur erzwingen zu können, verlor diesen Kampf über kurz oder lang. Der Energieaufwand für Zwang und Druck ist einfach zu hoch.

Wirtschaftliche Interessen sind dadurch massiv berührt. Wo es allein um Unternehmensinteressen geht, wie Gewinn oder Wachstum, gleichzeitig aber die Menschen mit ihren Bedürfnissen übergangen werden, wächst ihre defensive Kreativität. Deren Ziel ist es, dem Druck auszuweichen. Mit großer Leichtigkeit unterlaufen Kulturen ganz still jeden Versuch von Dominanz. Fast immer ist am Ende der dafür nötige Kraftaufwand geringer als jener, der den Druck erzeugt hat.

Diese Kreativität ist viel zu schade, um sie in Widerständen verschlampen zu lassen! Viel besser ist es, mit dieser Kraft zu kooperieren und ihre Mechanismen zu nutzen. Mit etwas Glück kann man dann erleben, dass die größte Unterstützung für Unternehmen und Führungskräfte von den eigenen Mitarbeitern kommt.

In verschiedenen Unternehmen stellte ich Arbeitern und Angestellten gelegentlich die Frage, was sie sich von ihrer Führung wünschen. Die Antworten waren anders als vermutet.

Mit großem Abstand wird *Rückhalt durch die Chefs* gewünscht. Es wird darüber geklagt, dass die Chefs ihre Versprechen nicht einhalten, sich bei der ersten Kleinigkeit gegen ihre eigenen Leute wenden, dass sie nicht zuhören oder einfach nie da sind.

Den zweiten Platz nimmt der Wunsch nach Vertrauen ein. Das Erlebnis des Misstrauens steckt tief in den Mitarbeitern und Mitarbeiterinnen. Man misstraut einander, zumindest den eigenen Vorgesetzten, spricht aber in vorgetanzten Floskeln vom herrschenden Vertrauen. Solche Sprechfolien sind erkennbar, weil ihnen die Authentizität fehlt. Sie sind ein Symptom der Angst im Unternehmen: Angst, den Job zu verlieren, Angst vor Kritik oder Erniedrigung. Bei Freunden, Bekannten und auch gegenüber Kunden werden die wahren Befindlichkeiten jedoch offen dargelegt – oft zum Schaden des Unternehmens.

Auf dem dritten Platz stehen *Wünsche nach Anerkennung*, Lob für gute Arbeit und Wertschätzung. Mit „Wertschätzung" wird nichts Ungewöhnliches erwartet, sondern einfach nur, „dass die Arbeit nicht heruntergemacht wird". *Zuhören, Respekt, Toleranz, Verlässlichkeit und Glaubwürdigkeit* sind andere Wünsche in dieser Hitliste. Oft zu hören ist auch der Satz: *„Wir brauchen Führung!"*

Nur sehr selten werden operative Dinge gewünscht, wie etwa die bessere Ausstattung des Arbeitsplatzes oder mehr Gehalt. Die wichtigsten Wünsche beschäftigen sich nahezu ausschließlich mit der Verbesserung der Beziehungen – auch jenen zur Führungskraft! Eine von der „Süddeutschen Zeitung" veröffentlichte Umfrage förderte ein nahezu identisches Bild zutage. Auch dort waren die Wünsche nach mehr Gehalt die Ausnahme. An vorderster Stelle standen ebenfalls Respekt und Anerkennung. Gefordert wurden „mehr Hirn und weniger Wände". Man muss nur zuhören, um zu erfahren, worauf sich Führungskräfte stützen sollten, um das Engagement im Haus zu erhöhen.

Der Filialleiter einer Bank brachte es auf den Punkt: „Ständig wird uns verkündet, welche Zahlen wir zu erreichen hätten. Alles Menschliche ist ausgeschlossen. Wir sind verzweifelt und fühlen uns deprimiert und kraftlos. Einmal haben wir uns ohne die Vertreter der Zentrale getroffen. Wir waren uns einig, dass sich unser Engagement raketenhaft gesteigert hätte, wäre die kleinste Anerkennung spürbar gewesen, die winzigste Frage, wie es uns in den Filialen wirklich geht, ein homöopathischer Hinweis darauf, dass die Zentrale hinter uns steht."

Menschen arbeiten nicht für Unternehmen, sondern für die Kulturen, in denen sie leben – und für die Führungskräfte, denen sie vertrauen!

Es ist wirklich erstaunlich, wie oft Mitarbeiter sich sehr ernsthafte Gedanken darüber machen, was in ihrem Unternehmen verbessert werden könnte und was der eigenen Führungskraft zumutbar ist. Nur werden sie nicht gehört.

Das geschieht so oft, dass der Eindruck entsteht, dass in Führungsetagen Mythen und Legenden über die eigenen Mitarbeiter kursieren, die nichts mit der Realität zu tun haben. Abwertung und Dominanz bestimmen viel zu oft das Mindset der oberen gegenüber den unteren Etagen. Leider kommt es vor, dass dann diese Denkweise – und nicht die Realität – als Grundlage für Entscheidungen dient.

Interessant ist auch, dass die Wünsche der Mitarbeiter häufig sehr realistisch sind und leicht erfüllbar wären. Kosten würden sie kaum etwas, sie erforderten nur eine andere Einstellung und ein anderes Bewusstsein der Führungskräfte und der Konzernspitzen. Gelungenes Miteinander benötigt zuallererst geeignete Brillen.

Die Wunschliste der Mitarbeiter liest sich wie ein Katalog der modernen Neurophysiologie für Führungskräfte. Diese kommt zu identischen Forderungen, indem sie die Funktionsweise des Gehirns untersucht. Auch viele Vorgesetzte verfassen ähnliche Wunschzettel. Die meisten von ihnen sind ja ebenfalls Mitarbeiter. Die Elemente des Kataloges an Forderungen und Wünschen beruhen in aller Regel auf allgemeinen menschlichen Grundbedürfnissen und sind deshalb unabhängig von der hierarchischen Ebene.

Warum geschieht es dennoch so selten, dass das Realität wird, was sich alle wünschen? Das dürfte an einer Denkbrille liegen, die sehr verbreitet ist.

Einer der Gründerväter dieser Brille war Jack Welch, bis 2001 Vorstandsvorsitzender von General Electric. Er war ein Anhänger der Theorie X, nach der man Menschen zur Arbeit zwingen müsse, und führte die berüchtigte 20-70-10-Regel ein. Die ersten 20 Prozent der Mitarbeiter erbringen ihm zufolge die gesamte Leistung und bekommen deshalb eine Prämie. Der größte Teil läuft nur mit und bekommt nichts. Die letzten 10 Prozent sind Minderleister und zu kündigen. Jedes Jahr wieder. In der oberflächlichen Plausibilität und Einfachheit dieses Vorgehens liegt ihre größte Gefahr. Denn kaum eine andere Methode ist besser dazu geeignet, Menschen zu demotivieren und zu dauerhaftem Stress zu verurteilen.

Die Fähigkeit zur Gemeinsamkeit wird dadurch nicht zerstört, aber Einzelpersonen und Gruppen werden in den Kampfmodus wechseln. Allgemeines Misstrauen wird wachsen und in der Folge die Führungswirkung minimieren. Die kollektive Produktivität wird sinken. Erfolg kann sich schließlich nur noch aus seltenen Einzelleistungen speisen. Synergien, kreative Dynamik und nachhaltige Innovationen verschwinden. Steigen werden hingegen Hektik, Simulation von Arbeit, Demotivation und Krankenstände.

Um wie viel besser und leichter wäre es, einfach die eigenen Leute zu hören.

Vergesst Managementstile – beachtet kulturelle Funktionen

In den 1990er-Jahren waren Typologien des Managers modern. In einer Ecke meiner Bibliothek steht ein Buch aus dieser Zeit. Nicht weniger als 20 verschiedene Manager-Typen werden darin akribisch beschrieben. Im Klappentext heißt es, dass die Stärke dieser analytischen Methode vor allem in der Diagnose typischer Probleme der Zusammenarbeit, Zielsetzung und Planung liege.

Analyse? Wunderbar! Ein bisschen unübersichtlich ist das zwar, aber man weiß doch gleich, wer man ist! Am Schluss steht dann noch etwas verschämt „Zielsetzung und Planung". Auch gut. Doch wie sieht es mit der Umsetzung aus? Was fange ich an, wenn ich weiß, dass ich ein INFJ-Manager bin? Oder ein 7.5-Manager? Was hilft mir das, wenn ich etwas erreichen will?

Was wir hier vor uns haben, ist einer der vielen Brüche, die sich um die Wende des Jahrtausends ereignet haben. Davor suchte man gerne nach Analysen und Expertisen, um zu erfahren, wie es dazu gekommen ist, wie es ist. Sobald die Gründe geklärt seien, so glaubte man, würde sich die Zukunft von ganz allein einstellen. Das war nicht ganz falsch, denn irgendeine Zukunft ergibt sich immer. Nur welche?

Inzwischen hat sich die Blickrichtung geändert. Zunehmend wird darüber nachgedacht, wie man eine Zukunft herstellen kann. Damit erhält die Gestaltung einen wesentlich höheren Stellenwert. Sie verlangt ein vollkommen anderes Denken als die Analyse. Allein schon deshalb, weil die Blickrichtung der Analyse und der Untersuchung immer die Vergangenheit ist, während die Gestaltung in die Zukunft blickt und sie aktiv herstellt.

Die Analyse eines bestimmten Führungsstiles mag interessant sein, relevant für die Gestaltung der Zukunft ist sie jedoch nicht. Zum einen kann man ohnehin immer nur damit arbeiten, was man hat oder ist, zum anderen bedarf Gestaltung des konsequenten Blickes in die Zukunft.

Aus der Perspektive des Umsetzers sind Manager-Klassifizierungen daher wenig aussagekräftig. Viel bedeutender ist die Funktion, die Führung innerhalb von Kulturen hat. Es ist deshalb nicht so wichtig, einem bestimmten Manager-Ideal zu entsprechen. Vielmehr ist darauf zu achten, welche Funktionen dazu beitragen, der Kultur einer Organisation eine konstruktive Richtung zu geben. Diese Funktionen ergeben sich aus den unterschiedlichen Aufgaben, die zur Sicherung der Zukunft notwendig sind. Sie bilden drei Gruppen zu jeweils zwei Paaren.

Management

Große Verwirrung herrscht zwischen den Begriffen Management und Leadership, denn beide werden synonym verwendet. Bereits der Erfinder des Begriffes „Leadership", John P. Kotter, unterschied diese Funktionen jedoch sehr deutlich.

Management, so sagt er, kümmert sich um die Verwaltung. Es plant, organisiert und kontrolliert Abläufe. Es sorgt dafür, dass alles zur rechten Zeit am rechten Platz ist. Vergleichbar etwa mit einem Baumeister, der bei einem Hausbau genau einteilt, wann welches Gewerk was zu erfüllen hat. Erledigt der Baumeister seine Arbeit gut, so steht am Ende das Haus.

Um das erreichen zu können, ist ein guter Überblick über Kosten, Material und Ressourcen notwendig. Diese Funktion hat immense Bedeutung, um in einem erfüllbaren Rahmen bleiben zu können.

Leadership

Um Organisationen erfolgreich führen zu können, bedarf es der Qualität der Menschenführung. Das ist die Funktion von Leadership.

Ihre Qualität liegt in der Zuwendung zu sozialen Bedürfnissen. Leader inspirieren und begeistern Menschen. Die Aufmerksamkeit von Leadership richtet sich auf das Miteinander. Sie muss die für gestellte Aufgaben notwendigen Haltungen entwickeln und pflegen.

Leadership ist notwendig, damit Menschen Freude an Kreativität, Innovation, Sinnerfüllung und Veränderung entwickeln können. Leadership ist wichtig für den Zusammenhalt und insbesondere in Umbruchphasen unerlässlich.

Starke Unternehmen benötigen beides, sowohl funktionierende Abläufe als auch Motivation. Darauf wies schon Kotter hin. Allerdings ist für jede dieser Funktionen ein gänzlich anderes Denken erforderlich. Die Aufmerksamkeit konzentriert sich auf vollkommen verschiedene Dinge.

In der Realität der Unternehmen ist es mitunter schwierig, diese Funktionen sauber auseinanderzuhalten, weil die Begriffe ineinandergeflossen und unscharf geworden sind. Im Sprachgebrauch von Führungsetagen haben sich im Laufe der Jahre gravierende Undeutlichkeiten eingeschlichen.

Die erste Undeutlichkeit geht auf Jack Welch zurück. Er führte ein brutales Verwaltungssystem ein, wollte aber in seinen Unternehmen nur noch Leader sehen. Er stellte sich die Vorteile aus beidem vor. So etwas wie engelhafte Beelzebuben oder friedenssichernde Raufbolde. In der Realität war der Widerspruch nicht auflösbar. Lupenreine Beelzebuben und Raufbolde setzten sich durch und die Verwaltungskompetenz der Manager nahm überhand. Allerdings wurde dies nun in modische Vokabeln aus dem Bereich der Leadership gekleidet.

Begriffe wurden aus ihrem ursprünglichen Zusammenhang gerissen und erhielten völlig andere Bedeutungen. Ein typisches Beispiel ist „Prozess". Damit werden im üblichen Management-Sprech Abläufe bezeichnet, planbare Fertigungsfolgen. Wirkliche Prozesse sind dagegen natürliche Vorgänge des Lebens und haben stets ein offenes Ende. Andere Begriffe wurden ersetzt. Zum Beispiel „Bewertung" und „Beurteilung", was der „Evaluation" anheimfiel, die etwas völlig anderes bedeutet. „Produktivität" meinte ehedem die wirtschaftliche Ergiebigkeit des sozialen Ganzen, hat sich aber zu einer technischen, auf das Individuum bezogenen Kennzahl gewandelt. Sie wurde zu einer Kontrolleinheit, die durch Algorithmen erfassbar ist. Der unerlässliche Anteil der Reflexion geriet in Vergessenheit und der Begriff verkam zu einer Art Beschreibung des Maximums der Gütererzeugung. „Effektivität" wurde durch „Effizienz" ersetzt, „Kommunikation" durch „Information", Begriffe wie „Goodwill" verschwanden überhaupt. Neue Begriffe mit unklarem Inhalt kamen hinzu, so etwa „Transparenz".

Die Ausschließlichkeit, mit der solche neuen Begriffsinhalte verwendet werden, führt zu einer starken Verengung der Sprache. Es ist heute kaum noch möglich, in klaren Worten über Dinge zu sprechen, die für den Unternehmenserfolg viel entscheidender sind als reine Zahlenwerke.

Das ist nicht gut, denn – wie wir bereits gesehen haben – beherrschen die geschmähten „Soft Facts" die kollektive Interpretation von Sachthemen.

*Die Sprache zu verlieren, bedeutet den Verlust an Fähigkeit
zur Wahrnehmung und hat den Schwund geeigneter
Handlungsalternativen zur Folge.*

„We are overmanaged and underled!", sagte Tom Peters bereits im Jahr 1985 in seinem Bestseller „A Passion for Excellence". Zu vielen Bürokraten stünden viel zu wenige mitreißende Führungspersönlichkeiten gegenüber. Heute ist diese Aussage wahrer denn je.

In neuerer Zeit schrieb Wolf Lotter, einer der Gründer des renommierten deutschen Wirtschaftsmagazin „brand eins" in seinem Buch „Zivilkapitalismus": „Manager sind nicht dazu da, Innovationen zu treiben – das ist die Aufgabe des kreativen Unternehmers –, sondern dazu, den Erhalt des Systems zu sichern. Bestenfalls sollen sie es optimieren und effizienter machen."

Um es deutlich zu sagen:

- Leader sind nicht besser als Manager – auch nicht andersherum! Beide sind notwendig, um eine Organisation erfolgreich führen zu können. Sie unterscheiden sich aber sehr im Denken.
- Die Idee, einfach kombinierte Talente als Manager-Leader einzusetzen, funktioniert sehr schlecht oder gar nicht. Zu unterschiedlich sind der Zugang und die benötigten Fähigkeiten. Der Versuch, mit Kombi-Spezialisten zu arbeiten, führt in vielen Unternehmen zum völligen Ausfall der Leadership-Qualität.
- Leader sind unerlässliche Elemente gelungener Führung. Gute Leadership ist harte Arbeit.

Etwas schwieriger zu fassen ist das zweite Paar wichtiger Funktionen. Während Management und Leadership Aufgaben darstellen, müssen Orientierung und Stabilisierung physisch verkörpert werden. Sie brauchen ein Gesicht.

Orientierung

Orientierung ist die angestammte Domäne des Chefs, aber keine Kommandostelle. Vielmehr ist diese Funktion dafür zuständig, die gemeinsame Bewegungsrichtung zu entwickeln und zu verkörpern.

Die Orientierungsfunktion verlangt sehr viel Überblick und hat die Aufgabe, das materielle Überleben der Gemeinschaft zu sichern. Sie schafft Klarheit darüber, wohin die Reise geht.

Stabilisierung

Stabilisierung unterscheidet sich von Orientierung. Sie ist so etwas wie deren Antagonist. Während Orientierung Menschen auf dem Weg in die Zukunft mitnimmt, sorgt Stabilisierung dafür, dass sie dabei zusammenbleiben können.

Notwendig ist diese Funktion, weil Bewegung in jedem sozialen System Unruhe und Befürchtungen erzeugt. Die damit verbundenen Gefühle wiederum erzeugen Friktionen, die in der Lage sind, die Gemeinschaft zu destabilisieren und auseinanderzutreiben. Daher ist koordinierte emotionale Stabilisierung eine Notwendigkeit. Sie gleicht Schieflagen aus und gewährleistet, dass eine Gemeinschaft eine Richtung einhalten kann.

Auch Stabilisierung muss verkörpert werden. Benötigt wird dafür Überblick über Emotionen und Haltungen und vor allem ein weiter Blick in die Zukunft. Stabilisatoren sorgen für ein Klima des Vertrauens und sind die sozialen Navigatoren des Wir-Gefühls.

Durch Orientierung und Stabilisierung wird das mentale Dorf zusammengehalten. Sie sorgen für die nötigen „Zentripetalkräfte", also jene Kräfte, die der Fliehkraft entgegenwirken.

Beide Funktionen werden derzeit kaum beachtet. In vielen Unternehmen wird über Orientierungslosigkeit geklagt. Ein Hinweis darauf, dass die Orientierung – so wie sie aus Sicht der kulturellen Funktion nötig wäre – gar nicht oder zumindest nur schwach ausgefüllt wird. Die Stabilisierungsfunktion ist dagegen fast gänzlich in Vergessenheit geraten. In Zeiten des Wandels ist Stabilisierung jedoch die Voraussetzung für den Erfolg von Veränderungen.

Um zukunftsfähig sein zu können, benötigen mentale Dörfer darüber hinaus strategische und taktische Kompetenzen, welche die Umsetzung eines eingeschlagenen Weges garantieren.

Strategie
Strategie hat einen weiten Horizont. Das, was in der Nähe liegt, ist für sie weniger interessant. Es geht darum, welchen Weg man geht und was dazu notwendig ist. Vor der Strategie kommt die Idee, danach die Vision. Die Strategie sucht den Weg, die Vision zu realisieren

Taktik
Taktik setzt um. Sie sorgt für alles Notwendige, um die Strategie umzusetzen. Taktik ist ein weites Feld. Sie reicht von Überlegungen

über den besten Einsatz von Mitteln bis hin zur Besorgung von Material. Im Bereich der Taktik sind daher auch unterschiedliche Talente angesiedelt.

Nachdem Cato die Idee entwickelt hatte, Karthago zu zerstören, beendete er jede Rede mit dem berühmten Satz: Ceterum censeo Carthaginem esse delendam! (Im Übrigen bin ich der Meinung, dass Karthago zu zerstören ist!) Das war die *Idee*. Mit diesem Satz pflanzte Cato die Vorstellung des zerstörten Karthago in die Köpfe der römischen Senatoren. Dies tat er so lange, bis der Beschluss gefasst wurde. Nun war aus der Idee eine *Vision* geworden. Danach erhielten die *Strategen* den Auftrag, zu überlegen, welcher Weg zu nehmen sei. Man entschied sich für den Seeweg und für den Bau einer Flotte. Im Anschluss erging der Auftrag an die *Taktiker*, die Truppen und Schiffe aufstellten, Material beschafften, den Fuhrpark bereitstellten und schließlich den Angriff befehligten.

Zu beachten ist, dass Strategen und Taktiker einander nicht ohne Weiteres verstehen. Dennoch sind beide für den Erfolg unerlässlich.

Strategen reflektieren. Das benötigt Zeit. Ihre Arbeit ist äußerlich nicht unmittelbar erkennbar. Taktiker dagegen sind ständig in Bewegung und erledigen Dinge schnell und präzise.

Die Hektik der Planerfüllung führte in vielen Organisationen zu einer Bevorzugung von Taktikern. Heute finden sich Taktiker an vielen Schaltstellen in Organisationen ebenso wie in der Politik. In der allgemeinen Beschleunigung wurde die Bedeutung der Strategen weithin vergessen. Viele Organisationen werden deshalb von ständigen Richtungs- und Strategiewechseln gepeinigt. Oft weiß dann niemand mehr so recht, wohin diese Schiffe steuern, auf denen so fleißig Segel getauscht werden. Seneca sagte, dass man den Hafen kennen muss, um günstigen Wind erkennen zu können. Der Hafen ist Sache der Strategie, der Wind Aufgabe der Taktik.

Manche dieser sechs genannten Funktionen sind kombinierbar, nicht alle sind beliebig in einzelnen Personen subsumierbar. Unterschiedliches

Denken verlangt unterschiedliche persönliche Qualitäten. Alles in eine Person quetschen zu wollen, führt unausweichlich zur Überlastung.

Führungskräfte sind immer auch Vorbilder. Sind sie selbst überfordert, so lautet die Botschaft, die sie vermitteln, „Überforderung". Aus individuellen Schwierigkeiten wird dann schnell eine kollektive Stressreaktion, die mit Abwehr beantwortet wird.

Das Problem, dem wir in vielen Unternehmen gegenüberstehen, ist die Überbewertung taktischer Fähigkeiten und der gleichzeitige Mangel an strategischer Intelligenz. So entsteht jenes verbreitete Gefühl, das Helmut Qualtinger so treffend beschrieb: Ich weiß zwar nicht wohin, aber dafür bin ich schneller dort!

X. Das Handwerk der Gemeinsamkeit

Kultur ist veränderbar. Sie ist kein unabänderliches Schicksal! So weit, so gut.

Was aber tun, wenn irgendwie Sand im Getriebe ist? Wenn die bestehende Kultur nicht in Richtung Begeisterung, Freude und Sinn an der Arbeit weist, sondern Misstrauen herrscht und das Engagement versenkt? Was tun, wenn die Kraft im Keller ist oder viel Energie sich in Diskussionen und Konflikten verliert?

Die Verbreitung von Unzufriedenheit und mangelndem Engagement ist in der Wirtschaft geradezu epidemisch. Die meisten Kulturen in Unternehmen schwanken zwischen den Welten der Opferhaltung und des elitären Großartigen. Beide sind ungeeignet, um dauerhaft nutzbare Kräfte freizusetzen und einem Unternehmen innovative Kraft zu verleihen.

Für die meisten unternehmerischen Aufgaben ist eine Kultur mit hoher sozialer Produktivität anzustreben. Engagement müsste Normalität sein, vorhandene Kräfte sollten sich ausrichten lassen, Eigenverantwortung der Mitarbeiter selbstverständlich sein. Gleichzeitig sollte das Unternehmen sowohl für Kunden als auch für talentierte Nachwuchskräfte attraktiv sein und bei den Mitarbeitern eine hohe Bindung an das Unternehmen existieren.

Kulturen mit diesen Eigenschaften haben klare Wertehierarchien, in deren Mitte immer ein „Wir" steht. „Wo wir sind, ist vorne" oder „Wir machen unsere Zukunft selbst" sind reale Beispiele dafür. Solche Kulturen geben den Mitarbeitern Kraft, sie können etwas davon nach Hause nehmen. Begeisterte Mitarbeiter sind loyal zum Arbeitgeber und begeistern auch ihre Familien und Freunde. Nach außen sind sie die besten Werbeträger, die man sich vorstellen kann.

Solche Kulturen nützen dem Unternehmen am meisten, weil in ihnen die vorhandenen Energien konstruktiv werden können. Sie nützen aber auch den Individuen, weil es einfach Freude macht, in einem solchen Unternehmen zu arbeiten.

Um es als Bild zu formulieren: Die ideale Kultur ist eine, in der sich die Mitarbeiter bereits am Sonntagabend auf den Montag freuen. Und das jede Woche wieder.

Kulturdesign ist funktional

Gutes Design ist nicht immer schnell, dafür aber sehr wirksam. Es orientiert sich an den Bedürfnissen der Menschen und bezieht natürliche menschliche Voraussetzungen mit ein. Alles, was den Menschen physisch, psychisch und kollektiv ausmacht, ist Ausgangsbasis für gutes Design.

Industriedesigner der Automobilindustrie zeichnen nicht einfach schicke Karosserien auf Auftrag. Sie versuchen sich vielmehr ein bestimmtes Gefühl des Fahrers vorzustellen, der zu einer konkreten Käufergruppe gehört. Das könnte beispielsweise beruflicher Erfolg sein, Überlegenheit, Sicherheit oder die Wichtigkeit der Familie.

Dieses konkrete Gefühl wird strategisch in den Kern der Überlegungen gestellt und mit dem Fahrzeug und seiner gesamten Peripherie hergestellt. Das reicht vom äußeren Erscheinungsbild über die Armaturen, den Klang des Motors im Fahrzeuginneren und draußen bis hin zum speziellen Glanz des Lackes. All das muss den Interessen und Bedürfnissen jener Personen entgegenkommen, denen das Fahrzeug und das vermittelte Gefühl dienen soll. Darüber hinaus sind die technischen und ökonomischen Rahmenbedingungen zu beachten.

Auch Kulturdesign ist zweckorientiert und folgt einer Strategie. Diese wird in aller Regel darauf gerichtet, den Unternehmenserfolg zu erhöhen oder innere Reibungsverluste zu verringern. Um dieses Ergebnis erreichen zu können, sind zuvor kulturelle Werte wie Akzeptanz, Engagement, Gemeinsamkeit und Begeisterung zu entwickeln. Dabei sind vor allem drei Funktionen zu beachten und in Kongruenz zu bringen:

- *Das Interesse des Unternehmens*
  Hier geht es vor allem um Sachthemen, wie Steigerung der Produktivität, Erhöhung der Fähigkeit zu Innovationen, reibungsarme Vereinigung von Unternehmen oder Unternehmensteilen etc. Von Interesse sind auch Steigerung von Arbeitsfreude, Engagement und Bindung der Mitarbeiter an das Unternehmen sowie der Zuwachs an Attraktivität bei Kunden oder bei potenziellen Mitarbeitern.

- *Das Interesse des Individuums*
  Diese Funktion wird im Hintergrund von der natürlichen Grundausstattung des Menschen bestimmt. Das Interesse äußert sich im Wunsch nach Anerkennung, Freude, Sinn und Gemeinschaft. Werden diese Bedürfnisse befriedigt, so entstehen im Gegenzug Engagement, Vertrauen und Mitverantwortung.

- *Das Interesse der mentalen Dorfgemeinschaft*
  Nicht nur die Organisation und die in ihr arbeitenden Individuen, auch die mentalen Dorfgemeinschaften haben eigene Interessen, die sich von den Bedürfnissen der Individuen unterscheiden. Sie lassen sich einer der fünf behandelten Kategorien von Kulturen zuordnen. Zusätzlich haben sie eine lokale Ausprägung. Kategorie und spezifische Ausprägung einer Kultur bilden den Ausgangspunkt der Arbeit.

Erst wenn alle drei Ebenen befriedigt werden, stellt sich lang andauernder Erfolg ein.

Gutes Design ist auf die Zukunft ausgerichtet. Kulturdesign schafft eine Gefühlswelt. Sie übt einen Sog auf Haltungen und

Handlungen aus, die zur Herstellung dieser Zukunft notwendig sind.

Die Vorgehensweise ist iterativ. Das heißt, es wird Schritt für Schritt vorgegangen – ohne das angestrebte Ergebnis aus den Augen zu verlieren. Korrekturen sind möglich und gehören zur Aufgabe.

Kulturen zu entwickeln ist ein bisschen so, wie einem Kind das Radfahren beizubringen. Man weiß, dass das Kind straucheln wird, doch am Ende wird es fahren.

Vektoren erfolgreichen Kulturdesigns

Kulturen sind in der Lage, sehr große Kräfte zu erzeugen. Diese Kräfte erzeugen Aufbruchs-, Flucht oder Beharrungstendenzen. Je nach der Kategorie, in der sich die Organisationskultur aufhält, und entsprechend der Situation, in der sie sich gerade befindet. Die Summe dieser Kräfte bedingt die Qualität der „sozialen Produktivität" einer Organisation oder Organisationseinheit.

Veränderungen stellen sich ein, wenn auf die vorhandenen Kräfte in gerichteter und funktionaler Weise Einfluss genommen wird. Für den Erfolg planmäßiger Verbesserungen müssen die inneren Gesetzmäßigkeiten von Kulturen und die beteiligten Interessenlagen respektiert und beachtet werden.

Im ersten Arbeitsschritt ist in Erfahrung zu bringen, womit man es zu tun hat. Diese Aufgabe muss mit Akribie durchgeführt werden. Jede erfolgreiche Kulturveränderung beginnt mit Zuhören und Verstehen. Nur so können die Bemühungen in Resonanz mit der bestehenden Kultur kommen und Widerstände vermieden werden.

Hier einige der wichtigsten Vektoren erfolgreichen Kulturdesigns.

Zuhören und Verstehen
Menschliche Aufmerksamkeit ist ein knappes Gut. Um sie zu wecken und ihr eine Richtung geben zu können, ist die erste Obliegenheit das

Zuhören. Zuhören bedeutet, aktiv zu schweigen. Nur so ist in Erfahrung zu bringen, was Menschen bewegt und welchem kulturellen Typus sie sich zugehörig sehen.

Glauben sie an den Kampf? Klagen sie? Sprechen sie von sich selbst? Oder sind das Wir und die gemeinsame Zukunft, Abenteuer und Begeisterung die beherrschenden Themen?

Um sich auf die Rolle des Hörers vorzubereiten, ist es hilfreich, sich selbst in die Rolle eines Reporters zu versetzen, der eine Reportage über das alltägliche Leben in einem Unternehmen oder einer Abteilung schreibt. Ein Journalist nimmt die Dinge auf, die ihm begegnen. Er versucht nicht, sie zu beeinflussen oder jemanden zu überzeugen. Er geht offenen Auges durch die Welt und lässt sich überraschen. Die beste Grundhaltung für das Zuhören ist die Bereitschaft, sich überraschen zu lassen und es auszuhalten, wenn das, was man hört, nicht genau dem entspricht, was man erwartet hat. Der nächste Schritt ähnelt der Arbeit eines Profilers. Es geht um das Verstehen, worum es einer bestehenden Kultur geht.

Jeder kulturelle Typus definiert seine eigenen Aufgaben selbst. Wer eine Kultur bewusst und kontrolliert verändern will, muss genau verstehen, worum es in der Ausgangskultur geht und wohin sie die Aufmerksamkeit lenkt. Wo zieht diese Kraft hin und was brauchen die Mitarbeiter wirklich?

Dabei ist das, was von den Leuten gesagt wird, nicht immer auch das, was in Wirklichkeit gemeint ist. Wird etwa mehr Information gewünscht, so würde man Mitarbeitern kaum einen Gefallen tun, wenn man ihnen jedes Mail weiterschickt. Das Verlangen nach mehr Information ist ein Alarmsignal, wenn sie ihren Führungskräften nicht vertrauen. In aller Regel wollen Mitarbeiter, die solches wünschen, in Wirklichkeit Gründe, um wieder vertrauen zu können.

Auf den wahrhaften Kern von geäußerten Wünschen zu kommen, kann mitunter schwierig sein. Aber es ist unerlässlich, sich dieser Mühe zu unterziehen, will man passgenaue Interventionen entwickeln und nicht später an den eigenen Leuten vorbeireden.

Es gilt ein in der Werbebranche verbreiteter Spruch: Wer ein Bild aufhängen will, braucht keinen Bohrer, sondern ein Loch in der Wand! Ausschlaggebend ist also nicht immer der vordergründig artikulierte Wunsch, sondern dessen Bedeutung und richtige Interpretation.

Ergebnis und Strategie

Ist klar geworden, worum es in der bestehenden Kultur geht, so ist ein Bild der gewünschten Zukunft zu entwickeln. Die Basis dafür kann in Interesse oder Notwendigkeit des Unternehmens liegen, aber auch im Wunsch nach Abbau von Reibungsflächen und nach besserem Miteinander.

Was also soll am Ende herauskommen? Ist es die Steigerung des Umsatzes, besseres Image, die Entwicklung der Fähigkeit von Innovation, höhere Bindung und Attraktivität für Mitarbeiter oder Kunden? Es kann auch etwas anderes sein. Wichtig ist nur, dass es eindeutig und klar ist, worum es wirklich geht.

Ein befreundeter Grafiker erzählte mir einmal von einem Erlebnis, das er mit einem Kunden hatte. Dieser wünschte sich eine neue Visitenkarte, und auf der Karte sollte ein Logo mit einem blauen Chamäleon prangen. Er hatte den Grafiker nur deshalb aufgesucht, weil er annahm, dieser wäre besser im Chamäleon-Zeichnen. Mein Freund fragte, was damit erreicht werden sollte. Wollte sein Kunde betrieblich wachsen oder seine Marktposition verbessern? Wollte er sich vom Mitbewerb abheben oder seine Bekanntheit steigern?

> *„Die erste Aufgabe eines Designers"*, so definiert Janos Szurcsik, *Professor für Design an der Universität Sopron, „ist es, daraufzukommen, was wirklich gewollt wird!"*

Für die strategische Entwicklung des Personals in Unternehmen gilt dasselbe. Was soll erreicht werden und worauf soll sich die Aufmerksamkeit richten? Was folgt daraus? Wie genau muss die Hierarchie der Wertvorstellungen aussehen, damit das angestrebte Ergebnis erreicht werden kann?

Mit einem klaren Kern der Aufmerksamkeit in der Mitte lässt sich eine gesamte Zielkultur sehr genau skizzieren, die nicht nur das Ergebnis herbeiführt, sondern zudem die natürliche Ausstattung des Menschen berücksichtigt.

Schließlich ist ein Weg zu umreißen, auf dem diese Zukunft erreichbar ist. Ausgangsbasis dafür ist die bestehende Kultur, inklusive ihrer Teilkulturen.

Dies ist der strategische Teil der Arbeit. Er beantwortet die Frage, auf welchem Weg das Ergebnis aufgrund der vorhandenen Möglichkeiten erreichbar ist.

Produkt von Führung und Führungsbewusstsein

Steht die Strategie fest, so lässt sich daraus das Produkt künftiger Führungsarbeit ableiten. Was müssen Führungskräfte leisten, damit sich die Kultur in eine gewünschte Richtung bewegt? Was brauchen die Mitarbeiter von der Führung, damit sie sich entwickeln können? Was ist nötig, damit die mentale Dorfgemeinschaft aufbrechen kann?

Die Führungskultur ist in jedem Unternehmen verschieden und überall gibt es sehr unterschiedliche Auffassungen bei den vorhandenen Führungskräften. Deshalb ist die Frage zu stellen, was diese Führungskräfte konkret brauchen, um sich einnorden und ihre Mitarbeiter richtungskonform unterstützen zu können.

Zu beachten ist, dass jeder ergebnisorientierte Entwicklungsprozess einen sogenannten „Eigner" benötigt. Dies ist die Aufgabe der obersten beteiligten Führungskraft. In ihr konzentriert sich der Wille zur Veränderung. An dieser Stelle wird viel gesündigt. Führungskräfte verlieren das Interesse, werden unsicher, wenden sich anderen Themen zu und delegieren die Prozessverantwortung einfach an Mitarbeiter. Viele glauben, dass ihre Arbeit mit der Beauftragung erledigt ist und sie nur noch hinterher das Ergebnis kontrollieren müssen.

Für die Mitarbeiter ist jedoch in der konsequenten Verkörperung des Prozess-Eigners die Botschaft der Stabilität verborgen. Wankt der Verantwortliche oder interessiert er sich überhaupt nicht für die gegangenen Schritte, bedeutet das in den Augen der Mitarbeiter, dass das Projekt nicht wichtig ist. Und das ist das Aus für viele wohlgemeinte Projekte!

Sobald die Mitarbeiter aus dem Verhalten lesen, dass es nicht ernst gemeint ist, werden sie sich nur noch schwer auf weitere Schritte oder einen anderen Prozess einlassen. Denn dieser wird – so vermuten sie – wohl ebenfalls nicht ernst genommen werden. Warum sich also nochmals anstrengen?

Wesentlich ist, das Bewusstsein der gemeinsamen Verantwortung der Führung für das angestrebte Ergebnis bei allen am Prozess beteiligten Führungskräften zu entwickeln. Denn die Führungskräfte sind der entscheidende Faktor für die Lenkung der Aufmerksamkeit.

Verantwortliche Stabilisatoren

Jede Entwicklung, jede Veränderung verursacht automatisch Unruhe und hat das Potenzial, im Chaos zu münden. Das darf bei einer Kulturentwicklung nicht geschehen. Deshalb ist es unerlässlich, einen solchen Prozess zu stabilisieren.

Die herkömmliche Standardmethode dafür besteht in der Errichtung von Druck. Wie wir gesehen haben, führt Druck zur Bildung von Widerstandszellen. Gemeinschaft wird dann im Widerstand erlebt. Kreativität, Innovationskraft und Loyalität wenden sich von der eigentlichen Arbeit ab.

Um den sozialen Prozess erfolgreich zu stabilisieren, wird eine kleine Gruppe benötigt, deren Aufgabe in der schrittweisen Herstellung und Pflege der Zielkultur besteht. Idealerweise wird sie auf Dauer eingerichtet. Ihre Mitglieder sind zuständig für den Ausgleich emotionaler Unebenheiten und die kontinuierliche Verfolgung des angestrebten Ergebnisses.

Sie sorgen für Ermutigung und bilden eine Art emotionale Tankstelle. Sie sind die Hüter des Prozesses.

Allerdings ist es von entscheidender Bedeutung, die richtige Auswahl zu treffen. Die Mitglieder dieser Gruppe gehören den Mitarbeitern an und müssen sowohl über strategische Fähigkeiten als auch über hohe Akzeptanz unter den Kollegen verfügen.

Entscheidend ist, dass diese Gruppe soziale Wirksamkeit entfalten kann.

Syntax

Zu den Aufgaben dieser Gruppe gehört auch die Entwicklung einer passenden Syntax. Das bedeutet einerseits die Konstruktion und Bereitstellung von Denkmodellen und Begriffen, die der Zielkultur entsprechen, andererseits auch, diese Sprache nach und nach zu implementieren.

Die geeignete Syntax ist so wichtig, weil Sprache unser Werkzeug zum Verstehen der Welt ist.

Die Entwicklung von Sprache ist ein sensibler Punkt bei der Formung einer Kultur. Eine Syntax ist dann geeignet, wenn sie einen stetigen Sog in die gewünschte Richtung erzeugt, sie kann aber nicht verordnet werden. Die Kunst besteht darin, die Syntax so zu gestalten, dass sie akzeptiert wird und einen Sog erzeugen kann. Dabei gilt dieselbe Regel, die auch gute Vorträge auszeichnet: Ein Bild sagt mehr als tausend Worte.

Am erfolgreichsten ist der Weg des Einsickerns in die Alltagssprache. In einem meiner frühen Projekte, dem „Merlin-Projekt", setzten wir auf diesen langsamen Prozess der Sprachentwicklung. Das war damals riskant, doch wir waren überzeugt von dieser Methode. Also suchten wir ständig nach neuen Wegen, um das veränderte Denken in Sprache zu gießen. Sogar eine Projektzeitung – die „Merlin-Times" – wurde gegründet. Etliche Monate geschah kaum etwas Erkennbares. Die Auftraggeber wurden bereits nervös.

Eines Tages berichtete die Chefsekretärin, dass sie unbeabsichtigt Zeugin eines Gespräches von Kolleginnen geworden sei, in dem das Wort

„nicht merlinmäßig" gefallen war, um einen bestimmten Vorgang zu bezeichnen. An diesem Detail erkannten wir, dass sich unter der Oberfläche die Sprache entwickelt hatte und mit ihrer Hilfe inzwischen sogar Beurteilungen im Sinne der Zielkultur vorgenommen wurden. Die geänderte Sprache war der Indikator für geändertes Denken. Das Projekt wurde außerordentlich erfolgreich.

Sprache verändert sich nur nach und nach auf der Grundlage von Akzeptanz und Erfahrung. Die Kunst besteht darin, das Denken und die Haltung zu verändern.

Soll die soziale Produktivität einer Kultur, die in der Opferhaltung steckt, erhöht werden, so wird man selbstverständlich an die Vernunft appellieren. Entscheidend ist aber nicht dieser Appell, sondern die Veränderung der Sprache, die in der Kaffeepause und anderen unbeobachteten Momenten verwendet wird.

Der erste große Schritt zu wirklicher Verbesserung ist erreicht, wenn dort Themen des Aufbruchs und der Gemeinsamkeit die leidigen Geschichten von Opfern ablösen.

Das muss nicht unbedingt lange dauern, aber es verlangt strategisches Zusammenwirken von Führungskräften und Stabilisatoren.

Ernsthaftigkeit und Geduld

Ernsthaftigkeit und Geduld sind die beiden wichtigsten Elemente erfolgreicher Veränderung von Haltung und Kultur.

Die Bedeutung der Ernsthaftigkeit ist sicherlich unbestritten. In der Praxis erweist sich jedoch häufig, dass der Zusammenhang zwischen Ernsthaftigkeit und erreichtem Ergebnis nicht ausreichend erkannt wird. Wäre das anders, würden sich Strategien und Strukturen in Unternehmen nicht so oft ändern.

Projekte, die etwas verändern sollen, stellen häufig massivere Eingriffe in das Miteinander dar, als vermutet. Die unerlässliche Aufmerksamkeit ist jedoch häufig nicht von Dauer, denn unter dem Druck des Alltages treten schnell andere Themen in den Vordergrund. Das Dringende ist dann der Tod des Wichtigen.

Lassen sich Mitarbeiter auf einen neuen Weg ein, brauchen sie die stabile Verkörperung von Richtung. Nur durch sie lässt sich der Erfolg garantieren. Das verlangt Geduld.

Prozesse der Veränderung von Haltungen und Kulturen sind keine linearen Abläufe – sie sind Ausdruck puren Lebens. Ebenso wie das Leben selbst kennen sie keine geraden Linien. Sie schwingen, sie ändern die Richtung und sie kreisen. Es gibt Momente der schnellen Weiterentwicklung und manchmal Rückschritte.

Wesentlich für den Erfolg planmäßiger Veränderung ist deshalb, dass die Richtung eingehalten und vor allem verkörpert wird. Nur dann entstehen Orientierung, Klarheit und Handlungssicherheit auf dem Weg.

Vorbild sein

Vom guten alten „Vorbild" hört man kaum noch etwas. Einst galt es als Königsdisziplin der Führung. Mittlerweile kann man sich des Eindruckes nicht erwehren, dass das „Vorbild" eine aussterbende Spezies ist, die allenfalls noch im Reservat von Seminaren für Nachwuchsführungskräfte gelegentlich vorbeihuscht.

In Theorie und Praxis ist das Vorbild ersetzt worden durch den Takt der Kennzahlen und Berichtszyklen. Vertrauen wird zunehmend durch Kontrolle ersetzt und Verantwortung nach unten delegiert. Warum braucht man da also noch Vorbilder?

Ein kurzer Blick in die biologische und soziale Grundausstattung des Menschen zeigt, dass wir Vorbilder brauchen. Das heißt Menschen, an denen wir uns orientieren können.

Der Grund dafür ist unsere Ausstattung als Rudeltiere, die sich die Arbeit aufteilen. Das ist es, was den Homo sapiens erfolgreich gemacht hat. Wo Arbeit geteilt wird, ist nicht mehr jeder für alles zuständig und kann sich auf Teilleistungen konzentrieren, die zum Erfolg der Gruppe beitragen. Die Gruppenintelligenz steigt dadurch ebenso wie die erbrachte Gesamtleistung. Anders wären Mammuts und Riesenhirsche nicht zu erlegen gewesen.

Auf diese Weise entstanden Spezialisierungen und Berufe. Der älteste „Beruf" ist jener der Führungskraft, also eines Menschen, der im Dienste aller Überblick und Koordination übernimmt. Für alle anderen bedeutet das, dass sie ihre gesamte Energie auf Jagd, Hausbau oder was auch immer richten können. Mit Überblick und Koordination brauchen sie sich nicht zu beschäftigen, weil diese Arbeit übernommen wird.

Wir laufen zwar nicht mehr in Fellen herum, innerlich haben wir uns aber kaum entwickelt. Wie unseren Vorfahren ist es uns gleichermaßen wichtig, jemanden ansehen und in seinem Gesicht lesen zu können, ob wir noch im Sinne des Ganzen unterwegs sind. Dieser „Jemand" verkörpert Sinn und Richtung gemeinsamer Tätigkeit. Er oder sie ist also das Vor-Bild, nach dem sich alle richten.

Ob man es will oder nicht, als Führungskraft ist man immer Vorbild. Alles, was man tut, ist daher eine Botschaft. Auch wie man es tut, wie man denkt und redet, oder auch, was man unterlässt. Alles wird stets von Mitarbeitern gelesen und hat eine Bedeutung für sie. Sie können es annehmen oder sich dagegen wehren, aber sie können nicht achtlos an solchen Zeichen vorbeigehen.

Führungskräfte verkörpern das, was wichtig ist. Diese Verkörperung ist das Bild, das Vor-Bild, nach dem sich die anderen ausrichten. Dieses Bild wirkt wesentlich stärker als alle Worte.

Nehmen wir als Beispiel ein großes Segelschiff aus dem 18. Jahrhundert auf hoher See. Jeder Matrose auf einem solchen Schiff hatte sein Leben lang nichts anderes getan, als auf diesem Schiff zu arbeiten. Jeder wusste, was zu tun war. Bei guten Bedingungen und sanftem Wind konnte es keine Probleme geben. Kam jedoch Sturm auf – oder irgendeine andere Form von Beunruhigung –, dann schlug die Stunde des Kapitäns. Seine Aufgabe ist es, nun ruhig an Deck zu stehen. Für seine Mannschaft bedeutet dieses Zeichen, dass die Situation im Griff ist, und jeder wird seine Arbeit machen. So überstehen Schiffe Stürme. Das weiß auch heute jeder Skipper.

Spannend wird es, wenn der Kapitän im Sturm Angst zeigt. Wenn er beispielsweise hektisch wird, wenn er sich mit etwas anderem beschäftigt oder wenn er die Brücke verlässt und die Leute sich selbst überlässt. In diesem Moment verlieren genau dieselben Matrosen die Orientierung und können nicht mehr koordiniert arbeiten. Die sozialen Zentrifugalkräfte nehmen überhand und das Schiff sinkt.

Die Verantwortung des Kapitäns besteht darin, für alle das Bild abzugeben, dass alle gemeinsam mit diesem Schiff den Sturm überstehen werden. Dieses Vor-Bild kann nur der Kapitän abgeben. Er muss sichtbar und erkennbar sein. Das ist nicht übertragbar, demokratisierbar oder an irgendein modisches Management-Modell delegierbar.

Führung definiert sich vom Bedarf der Geführten her. Sie ist ein Phänomen, das stammesgeschichtlich in uns verankert ist. Darum ist der Wille des Chefs auch so wichtig für die Verbesserung einer bestehenden Organisationskultur.

Gerade dieser stammesgeschichtlich verwurzelte Rahmen eröffnet die Möglichkeit, das Miteinander zu verbessern, konstruktiver und produktiver zu machen. Kurz: Was dem Chef wichtig ist, ist auch wichtig!

Der Weg beginnt mit dem ersten Schritt

Kultur ist veränderbar. Der Weg beginnt mit dem ersten Schritt. Die Veränderung bestehender Haltungen ist wie eine Wanderung. Wie diese ist auch das Design einer neuen Kultur ein sinnliches Erlebnis, wenn Kommunikation als geradezu erotischer Akt verstanden wird, in dem eine neue Welt entsteht.

Um eine solche Entwicklung zu gestalten und realisieren zu können, braucht es das Selbstverständnis eines Bergführers. Er wägt die Möglichkeiten seiner Gruppe ab und teilt die Kräfte ein. Am Ende steht das Gipfelerlebnis für alle.

Wer sich ernsthaft darauf einlässt, wer mit Beharrlichkeit und Ausdauer und gemeinsam mit seinen Mitarbeitern Leistung und Leben aller

verbessern will, der wird nicht lange brauchen, um die mentalen Dorfgemeinschaften einer Organisation in eine konstruktive Bewegung zu
bringen.

- Den Blick nach vorne auf das Ergebnis zu richten, sichert dabei die
  Richtung der Bewegung.
- Der Blick zurück aber schafft Befriedigung und gibt der Mühe den
  Sinn.

Beides ist von Bedeutung.

Antonio Machado (1875–1939), einer der bedeutendsten Dichter Spa-
niens, beschrieb das in einem seiner berühmtesten Gedichte:

> *Wanderer, es sind deine Spuren,*
> *der Weg,*
> *und sonst nichts.*
> *Wanderer, es gibt keinen Weg,*
> *denn der Weg entsteht beim Gehen.*
> *Beim Gehen entsteht der Weg,*
> *und wenn du dich umwendest,*
> *siehst du den Pfad,*
> *der nie wieder betreten werden muss.*
> *Wanderer, es gibt keinen Weg,*
> *sondern nur Kielwasser im Meer.*

Lassen Sie sich also nicht beirren und machen Sie den ersten Schritt.
Denn nur wer aufbricht, kommt auch an!

Literatur

Neurophysiologie, Biologie

Zdenka BABIKOVA u. a., *Underground signals carried through common mycelial networks warn neighbouring plants of aphid attack.* In: Ecology Letters 16/7, July 2013.

Joachim BAUER, *Warum ich fühle, was du fühlst. Intuitive Kommunikation und das Geheimnis der Spiegelneurone* (München 2006).

Joachim BAUER, *Prinzip Menschlichkeit. Warum wir von Natur aus kooperieren* (München 2008).

Joachim BAUER, *Das kooperative Gen. Evolution als kreativer Prozess* (München 2010).

Joachim BAUER, *Arbeit. Warum unser Glück von ihr abhängt und wie sie uns krank macht* (München 2013).

Vittorio GALLESE im Interview: *Mitgefühl ist Eigennutz.* In: Die Zeit – Magazin 21/2008.

John-Dylan HAYNES im Interview: *Hirngespinst Willensfreiheit – wie determiniert ist der Mensch wirklich?* In: Gehirn und Geist 10/2008.

Gerald HÜTHER, *Bedienungsanleitung für ein menschliches Gehirn* (Göttingen 2010).

Gerald HÜTHER, *Biologie der Angst. Wie aus Stress Gefühle werden* (Göttingen 2012).

Gerald HÜTHER, *Was wir sind und was wir sein könnten. Ein neurobiologischer Mutmacher* (Berlin 2013).

Markus HENGSTSCHLÄGER, *Die Durchschnittsfalle. Gene – Talente – Chancen* (Wien 2012).

Marco IACOBONI, *Woher wir wissen, was andere denken und fühlen. Das Geheimnis der Spiegelneuronen* (München 2011).

Thomas JUNKER, *Die Evolution des Menschen* (München 2009).

Daniel KAHNEMAN, *Schnelles Denken, langsames Denken* (München 2012).

Christian KEYSERS, *Unser empathisches Gehirn. Warum wir verstehen, was andere fühlen* (Gütersloh 2013).

Harald KOISSER, *Die Rückeroberung der Stille: Auswege aus Stress und Reizüberflutung* (Wien 2007).

Jürgen LANGENBACH, *Biologie. Männer haben mehr im Kopf.* In: Die Presse (20. 1. 2012).

Jürgen LANGENBACH, *Balztänze. Zum Wichtigtun braucht es Gehirn.* In: Die Presse (25. 9. 2012).

Ulman LINDENBERGER, Shun-Chen LI, Walter GRUBER und Viktor MÜLLER, *Brains swinging in concert: cortical phase synchronization while playing guitar.* In: BMC Neuroscience 2009, 10 (22).

Desmond MORRIS, *The Human Zoo* (New York 1994).

Giacomo RIZZOLATTI, *Empathie und Spiegelneurone. Die biologische Basis des Mitgefühls* (Berlin 2008).

Tali SHAROT, Tamara SHINER, Annemarie C. BROWN, Judy FAN and Raymond J. DOLAN, *Dopamine Enhances Expectation of Pleasure in Humans.* In: Current Biology 2009, 19 (24). – Auch in: Der Spiegel (13. 11. 2009).

Allan SNYDER, *Game, Mindset and Match*. In: The Weekend Australian (4./5. 12. 1999).

Allan SNYDER im Interview in: SC Superconsciousness Magazine, The Voice for Human Potential (Yelm, Washington, September 2007).

Wandel macht (Fische) klüger. In: Die Presse (6. 4. 2010).

Philosophie, Sozialwissenschaften, Psychologie

Gerd BINNIG, *Aus dem Nichts – über die Kreativität von Natur und Mensch* (München 1989).

Pierre BOURDIEU, *Ökonomisches Kapital – Kulturelles Kapital – Soziales Kapital*. In: Reinhard KRECKEL (Hrsg.), Soziale Ungleichheiten (Göttingen 1983) S. 183–198.

Pierre BOURDIEU, *Die feinen Unterschiede. Kritik der gesellschaftlichen Urteilskraft* (Berlin, 1987).

Mihaly CSIKSZENTMIHALYI, Flow – *Das Geheimnis des Glücks* (Stuttgart 2013).

António DAMÁSIO, *Self Comes to Mind. Constructing the Conscious Brain* (New York 2012).

António DAMÁSIO, *Selbst ist der Mensch. Körper, Geist und die Entstehung des menschlichen Bewusstseins* (München 2013).

Georg FRANCK, *Ökonomie der Aufmerksamkeit* (München 1998).

Dieter FREY und Hans-Werner BIERHOFF, *Sozialpsychologie – Interaktion und Gruppe* (Göttingen 2011).

Ernst GEHMACHER (Hrsg.), *Sozialkapital. Neue Zugänge zu gesellschaftlichen Kräften* (Wien 2006).

Klaus GESTWA, *Die Stalinschen Großbauten des Kommunismus: Sowjetische Technik- und Umweltgeschichte 1948–1967* (Oldenburg 2010).

Daniel GOLEMAN, *Emotionale Intelligenz*[2] (München 1997).

Marianne GRONEMEYER, *Das Leben als letzte Gelegenheit. Sicherheitsbedürfnisse und Zeitknappheit* (Hamburg 1996).

Michael HARTMANN, *Der Mythos von den Leistungseliten. Spitzenkarrieren und soziale Herkunft in Wirtschaft, Politik, Justiz und Wissenschaft* (Frankfurt/Main 2002).

Harald KOISSER, *Warum es uns so schlecht geht, obwohl es uns so gut geht. – Was ist ein gutes Leben?* (Wien 2009).

Wolf LOTTER, *Zivilkapitalismus. Wir können auch anders* (München 2013).

Joe NAVARRO, *Menschen lesen. Ein FBI-Agent erklärt, wie man Körpersprache entschlüsselt* (München 2010).

Horst W. OPASCHOWSKI, *Wir! Warum Ichlinge keine Zukunft mehr haben* (Hamburg 2010).

Winfried PANSE und Wolfgang STEGMANN, *Angst – Macht – Erfolg. Erkennen Sie die Macht der konstruktiven Angst* (München 2006).

Kate PICKETT und Richard WILKINSON, *Gleichheit ist Glück. Warum gerechte Gesellschaften für alle besser sind* (Frankfurt/Main 2010).

Richard David PRECHT, *Wer bin ich – und wenn ja, wie viele? Eine philosophische Reise* (München 2007). – Im Kapitel „Ich fühle was, was du auch fühlst – Lohnt es sich, gut zu sein?" werden die Forschungen von Giacomo RIZZOLATTI detailliert beschrieben.

Robert PUTNAM, *Bowling Alone. The Collapse and Revival of American Community* (New York 2000).

Ulrich REINHARDT, *Wie die Europäer ihre Zukunft sehen. Antworten aus 9 Ländern* (Darmstadt 2009).

Ivor Armstrong RICHARDS, *The Meaning of Meaning. A Study of the Influence of Language Upon Thought and of the Science of Symbolism.*

Supplementary Essays by B. MALINOWSKI and F. G. CROOKSHANK (Harcourt 1923).

Lucius Annaeus SENECA, *Moralische Briefe an Lucilius (Epistulae morales ad Lucilium)*, XVII/XVIII, CIV, 26.

Richard SENNET, *Zusammenarbeit – Was unsere Gesellschaft zusammenhält* (Berlin 2012).

Joseph STIGLITZ, *Der Preis der Ungleichheit – Wie die Spaltung der Gesellschaft unsere Zukunft bedroht* (München 2012).

Stephan *Valentin, Ichlinge. Warum unsere Kinder keine Teamplayer sind* (München 2010).

Michael VOGLER, *Wissenschaft und Magie – die Geschichte eines Missverständnisses.* In: Zeitschrift für Hochschuldidaktik 22/3 (Innsbruck 1988).

Michael VOGLER, *Der kommunikative Imperativ. Wie Zukunft entsteht* (Graz 1996).

Michael VOGLER, *Zwerge, die auf den Schultern von Riesen stehen – Das Drehbuch des abendländischen Denkens* (München 2012).

Unternehmensführung

Peer-Arne BÖTTCHER, *Hand drauf! Der Weg, gemeinsam erfolgreich zu sein* (Hamburg 2013).

Richard FULD, *Wie der Lehman-Boss die Welt in Panik versetzte.* In: Der Spiegel (21. 12. 2008).

Seth GODIN, *Tribes. We Need You to Lead Us* (New York 2008).

Daniel GOLEMAN, Richard BOYATZIS und Annie MCKEE, *Emotionale Führung* (Berlin 2003).

Hans HAUMER, *Emotionales Kapital. Entscheiden zwischen Vernunft und Gefühl* (Wien 1998).

Christian HOMBURG (Hrsg.), *Perspektiven der marktorientierten Unternehmensführung.* Arbeiten aus dem Institut für Marktorientierte Unternehmensführung der Universität Mannheim (Wiesbaden 2004).

Jon R. KATZENBACH, *The Wisdom of Teams. Creating the High-Performance Organization* (New York 2006).

John P. KOTTER, *A Force for Change. How Leadership Differs From Management* (New York 1990).

Dave LOGAN, *Tribal Leadership. Leveraging Natural Groups to Build a Thriving Organization* (New York 2008).

Douglas MCGREGOR, *The Human Side of Enterprise.* Updated and with new Commentary by Joel CUTCHER-GERSHENFELD (New York 2005).

Mehr Hirn, weniger Wände, Befragung nach Wünschen in der Arbeitswelt. In: Süddeutsche Zeitung (12. 9. 2013).

Marco NINK (Gallup), *Engagement Index 2012* (Berlin 2013).

Albert OGIEN, *Désacraliser le chiffre dans l'évaluation du secteur public* (Versailles 2013).

Winfried PANSE im Interview: *Angst kostet der deutschen Wirtschaft 100 Milliarden im Jahr.* In Wirtschaftswoche (12. 5. 2010).

Winfried PANSE und Wolfgang STEGMANN, *Kostenfaktor Angst. Wie Ängste in Unternehmen entstehen. Warum Ängste die Leistung beeinflussen. Wie Ängste wirksam bekämpft werden* (Landsberg/Lech 1996).

Tom PETERS and Nancy AUSTIN, *A Passion For Excellence. The Leadership Difference* (New York 1986).

Horst Claus RECKTENWALD, *Wörterbuch der Wirtschaft* (Stuttgart 1975).

Peter SCOTT-MORGAN und Arthur D. LITTLE, *Die heimlichen Spielregeln. Die Macht der ungeschriebenen Gesetze im Unternehmen* (München 1996).

THE BOSTON CONSULTING GROUP, *Creating People Advantage. How to Address HR Challenges Worldwide Through 2015* (Boston 2008).

THE BOSTON CONSULTING GROUP, *The Future of HR in Europe. Key Challenges Through 2015* (Boston 2007).

Michael VOGLER, *Meisterhaft führen. Führungsenergie entwickeln – Gemeinsamkeit gestalten* (München 2012).

Rainer VOSS (Investmentbanker) im Interview mit Volker Strohm: *Banker agieren knapp über Kinderschänder-Status.* In: Handelszeitung (25. 11. 2013).

Steve ZAFFRON, *The Three Laws of Performance. Rewriting the Future of Your Organization and Your Life* (Hoboken 2011).

Robert Fleck

Was kann Kunst?

142 Seiten, 10 farbige Abb.
E-Book inside
ISBN 978-3-902968-02-9
Hardcover
Format 16 cm x 24 cm
Preis € 24,–

Kunst komme nicht von Können, eher umgekehrt: Können kommt von
Kunst! Ja, man kann sagen, die Kunst hat das Können erfunden. Sie
schafft Erlebnisse jenseits dessen, was man sieht, und erfindet die Welt
neu. Tag für Tag.

Robert Fleck versucht die Kunst über ihren Erlebnis-Charakter neu
zu sehen. Er folgt ihrem Weg durch die Moderne und fragt: Kann es ein
zweites Jahrhundert der Moderne geben? Er folgt ihr mit sehr persönli-
chem Blick auf viele Künstlerbiografien und kommt dabei zu jenen Fragen, die man heute oft nur noch hinter vorgehaltener Hand zu stellen
wagt: den Fragen nach Schönheit und Freiheit.

*Robert Fleck ist Historiker, Autor und Ausstellungsmacher. Er lebt seit
1981 in Paris, studierte unter anderem bei Gilles Deleuze und Michel
Foucault. Er war zuletzt Intendant der Kunst- und Ausstellungshalle der
Bundesrepublik Deutschland in Bonn und ist nun Professor für „Kunst
und Öffentlichkeit" und Prorektor der Kunstakademie Düsseldorf.*

Ágnes Heller

Die Welt der Vorurteile

Geschichte und Grundlagen für
Menschliches und Unmenschliches

161 Seiten, E-Book inside
ISBN 978-3-902968-03-6
Hardcover
Format 16 cm x 24 cm
Preis € 24,–

Ágnes Heller greift zurück bis in die Antike, um zu zeigen, unter welchen Umständen Vorurteile entstehen können. Sie fragt nach gesellschaftlichen und psychologischen Voraussetzungen und analysiert die grundlegenden Vorurteile der Moderne: rassische, ethnische und religiöse Vorurteile, Klassenvorurteile, Vorurteile gegen Frauen und sexuelle Vorurteile.

Von Sokrates bis Shakespeare, von Leibniz über Weber bis Foucault und Luhmann führt uns die Grande Dame der Philosophie vor Augen, was sie auch persönlich im 20. und 21. Jahrhundert erlebt hat und noch erlebt: einen ganzen Kosmos von Vorurteilen.

Ágnes Heller ist Schülerin von Georg Lukács. Gemeinsam mit ihrer Mutter entging sie dem Holocaust in Budapest nur knapp, ihr Vater und viele Verwandte wurden ermordet. Sie beteiligte sich aktiv an der ungarischen Revolution von 1956, emigrierte 1977 als Professorin für Soziologie nach Melbourne. 1986 wurde sie Nachfolgerin von Hannah Arendt auf deren Lehrstuhl für Philosophie an der New School for Social Research in New York. Sie lebt heute in Budapest.

Johannes Leopold Mayer

Wozu Musik?

Gedanken und Erwägungen über
Notwendigkeit und Brauchbarkeit

148 Seiten, 5 Abb., E-Book inside
ISBN 978-3-902968-04-3
Hardcover
Format 16 cm x 24 cm
Preis € 24,–

„Leben ist, so lehrt es die aktuelle medizinische Forschung ebenso wie die Neurowissenschaft, ohne Musik nicht vorstellbar. Jedenfalls nicht in jener Wertigkeit, welche das Leben lebenswert macht", schreibt Johannes Leopold Mayer.

Mit großer Intensität geht er der Frage nach, was Musik den Menschen verschiedener Zeiten und Gesellschaftsschichten ganz konkret bedeutet hat, und spart auch ihren Missbrauch nicht aus.

Um zu ergründen, warum Musik unser Leben erst lebenswert macht, breitet er schließlich seine ganz persönlichen Überlegungen zu seinen fünf Lieblingskomponisten vor uns aus: Anton Bruckner, Joseph Haydn, Josquin des Prés, Olivier Messiaen und Dmitrij Schostakowitsch.

Johannes Leopold Mayer studierte Geschichte, Musikwissenschaft und Philo-
sophie sowie Orgel und Gesang. Seit 2001 arbeitet er in der Musikredaktion
des Radioprogramms Österreich 1. Wissenschaftliche Veröffentlichungen zu
Fragen der österreichischen Kultur- und Religionsgeschichte, zum Verhältnis
von Philosophie und Musik sowie zu Haydn, Schostakowitsch und Bruckner.

E-Book inside / Website www.konturen.cc

Mit dem Kauf dieses Buches haben Sie auch das E-Book erworben. Sie können es auf unserer Website ohne weitere Kosten herunterladen:

www.konturen.cc

Geben Sie dort bitte Ihren persönlichen Download-Code ein. Sie finden ihn auf der gegenüberliegenden Seite – mit einer Anleitung, wie Sie das E-Book auf Ihren Computer oder Ihr elektronisches Lesegerät übertragen.

Auch ein Besuch unserer Website lohnt sich für Sie: Dort gibt es zu jedem Buch weiterführende Hinweise und zusätzliche Medienangebote. Wir informieren Sie über aktuelle Events und die Möglichkeit, über uns mit den Autoren Kontakt aufzunehmen.

Wir wünschen Ihnen viel Freude mit diesem Buch!

VOGL6gLDyHDcXU